數 學

安‧魯尼
Anne Rooney

陳敏皓——譯

為什麼是現在這樣子？

一門不教公式，只講故事的數學課

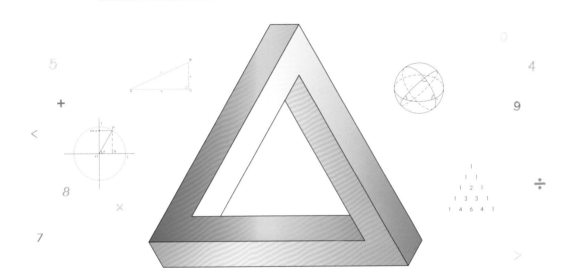

The Story
of
MATHEMATICS

From creating the pyramids
to exploring infinity

國家圖書館出版品預行編目資料

數學，為什麼是現在這樣子？：一門不教公式，只講故事的數學課
／安．魯尼（Anne Rooney）著；陳敏晧譯. — 二版. — 臺北市
：臉譜，城邦文化出版：家庭傳媒城邦分公司發行，2019.11
　面；　公分. — （科普漫遊；FQ1028X）
　譯自：The story of mathematics : from creating the pyramids
to exploring infinity
　ISBN 978-986-235-789-7（平裝）

1. 數學 2. 歷史　　　　　　　　　310.9　　108017444

科普漫遊　FQ1028X

數學，為什麼是現在這樣子？
一門不教公式，只講故事的數學課

The Story of MATHEMATICS：
From creating the pyramids to exploring infinity

原著作者　安．魯尼（Anne Rooney）
譯　　者　陳敏晧
翻譯協力　鄒詠婷
主　　編　謝至平
責任編輯　賴昱廷(一版)、鄭家暐(二版)
行銷企畫　陳彩玉、薛綸

出　　版　臉譜出版
發 行 人　涂玉雲
總 經 理　陳逸瑛
編輯總監　劉麗真
　　　　　城邦文化事業股份有限公司
　　　　　台北市中山區民生東路二段141號5樓
　　　　　電話：886-2-25007696　傳真：886-2-25001952

發　　行　英屬蓋曼群島商家庭傳媒股份有限公司城邦分公司
　　　　　台北市中山區民生東路二段141號11樓
　　　　　客服專線：02-25007718；25007719
　　　　　24小時傳真專線：02-25001990；25001991
　　　　　服務時間：週一至週五上午09:30-12:00；下午13:30-17:00
　　　　　劃撥帳號：19863813　戶名：書虫股份有限公司
　　　　　讀者服務信箱：service@readingclub.com.tw
　　　　　城邦網址：http://www.cite.com.tw
香港發行所　城邦（香港）出版集團有限公司
　　　　　香港灣仔駱克道193號東超商業中心1/F
　　　　　電話：852-25086231
　　　　　傳真：852-25789337
馬新發行所　城邦（馬新）出版集團
　　　　　Cite（M）Sdn Bhd.
　　　　　41-3, Jalan Radin Anum, Bandar Baru Sri Petaling,
　　　　　57000 Kuala Lumpur, Malaysia.
　　　　　電話：+6（03）90563833
　　　　　傳真：+6（03）9057 6622
　　　　　讀者服務信箱：services@cite.my

一版一刷　2013年02月
二版一刷　2019年11月

ISBN　978-986-235-789-7
版權所有・翻印必究（Printed in Taiwan）

定價：420 元
（本書如有缺頁、破損、倒裝，請寄回更換）

目 錄

數字的魔術

從 1 到 9 之間隨便選一個數字。

把它乘上 9。

如果得到兩位數，就把它的十位數與個位數相加。

再減去 5。

然後平方。

你得到的答案會是 16。這是如何辦到的？這都多虧了一個重要的數字魔法：將任何 9 的倍數的十位數與個位數相加，答案總是 9，例如：

9: 0+9=9

18: 1+8=9

27: 2+7=9，等等。

接下來就很清楚了：

9-5=4，4×4=16。

在數字裡還隱藏著更多的魔術。很久以前，一些最早期的人類文化就已發現數字的某些奇特、迷人的特質，並將這些數字融入他們的迷信和宗教中。數字從此令人們目眩神迷，提供我們進入科學世界探索的入場券，也為我們開啟了新視野。我們對每一件事物的認識──從比原子更小的結構到擴展中的宇宙──都是以數學為基礎。

數學的起源

最早的數學活動紀錄──已超越數數階段──是在四千年前。他們來自肥沃的尼羅河三角洲（埃及）和底格里斯河與幼發拉底河之間的平原（美索不達米亞，今日的伊拉克），但我們對這些早期文化的數學家認識有限。

大約在西元前六百年，古代希臘人發展出對數學的興趣，他們超越了先輩，亟力於發現能適用於任何類似問題的規則，他們研究數學觀念，為後來的所有數學發展奠定了基礎，這些歷史上最偉大的數學家許多都定居於希臘以及位於埃及的希臘學術中心亞歷山卓城。

西班牙的古城托雷多（Toledo）在十一世紀晚期成為
阿拉伯的知識進入歐洲的窗口。

當希臘文明結束，西方的數學也隨之
進入了停滯期。幾百年之後，中東的伊斯蘭
學者掌握了知識權杖，使約莫建立於西元
七五〇年的巴格達成為耀眼的學術中心，在
這裡，阿拉伯的穆斯林學者匯整希臘、印度
的數學家們留下的偉大遺產，並將之鍛造地
新穎有力。他們的進步大大受益於我們現在
所採用的印度－阿拉伯數字系統，而他們對
天文學和光學的興趣、對伊斯蘭曆法的研究
需要和對於找出麥加方向的需求也促進了他
們的數學發展。然而，宗教的力量雖然一開
始促進了數學發展，最後卻成了抑制數學發
展的原因，因為穆斯林的神學觀反對智力活
動，認為會造成精神與信仰上的危險，這可
能是因為擔心信徒會發現對宗教不利的事
實，或直接挑戰宗教信仰的神祕核心。

幸運的是，在西班牙的阿拉伯人把這些
數學知識直接帶入歐洲。從十一世紀晚期開
始，阿拉伯和希臘的數學知識被翻譯成拉丁
文，並且迅速在歐洲流傳開來。

中世紀時期，歐洲的數學只有些微的進
展，雖然也不乏能推動數學前進的人才，但
黑死病（1347-50）的襲擊，造成約莫四分
之一到二分之一的歐洲人口死亡。十六世紀
開始有許多新的進展，當時除了數學之外，
科學、藝術、哲學、音樂各方面活動都開始
興盛。印刷術也助長了新知識的傳播，歐洲
的數學家和科學家從而開始形塑現代數學並
尋求數學的大量應用。

儘管現今的數學是這樣發展成的，然
而其實許多文化也發展出他們自己的知識系
統，而且也得到非常相像或毫不遜色的發
現，只是那些以北非、中東與歐洲的研究成
果為主的主流著作未曾提及罷了。中國幾千
年來與外界脫離，數學發展獨自興旺；中美
洲也發展出他們自己的數學系統，但是遭到
十六世紀抵達的歐洲侵略者與殖民者的徹底
破壞。從大約九世紀開始，印度數學以阿拉
伯傳統為養分茁壯，近年來更成為培養出世
界級數學家的重要源頭。

在我們的故事即將結束之際，單一的
數字系統與單一的數學精神已經傳遍整個地
球，來自世界各地的數學家都一起朝著相似
的目標前進。雖然如今數學的發展和交流已
不再有地域性的限制，卻是近些年來才演變
成這樣的。

第一章

數字的起源

　　在我們有數學知識前，就需要數字。多少年來哲學家為了數字的地位爭論不休：數字是否在人類文明之外也實際存在？數學到底是被發明的還是被發現的？舉例而言，即便沒有數學家的運算，人類是否仍有矩形面積「是」兩邊長乘積的觀念？抑或，數學是我們就生活經驗去理解並建構世界的方式，而非「真理」？德國數學家利奧波德・克羅內克（Leopold Kronecker, 1823-1891）曾因寫道「上帝創造了整數，其餘都是人的作品」而成為眾矢之的；然而，無論我們抱持著哪一種觀點，這點是不會錯的：人類的數學旅程從正整數——大於零的整數——開始。

從遠古時代說起…史前石器時代的穴居人能夠畫圖，但是，他們會計算嗎？

我們用數字管理生活的各個面向，但並不是從古至今都如此。分針是在 1475 年時才被加進時鐘的，而秒針的出現大約是在 1560 年。

數字從哪裡來？

　　數字與我們的日常生活息息相關，以至於我們將其視為理所當然。當早晨起床掃視時鐘時，數字也許就是一天之中最先映入你眼簾的東西，從早到晚我們也持續面對數字的密集攻擊。然而，數字和計數系統並非無中生有的，數字的發現——或發明——在人類文化與文明的發展過程中都占據重要的一環，它讓所有權、貿易、科學和藝術有了可能，並促成社會結構與階級制度的發展，當然另如遊戲、猜謎、運動、賭博、保險業、甚至是生日派對，都跟數字脫不了關係！

動物會計算嗎？

長毛象能夠計算牠們的敵人有多少嗎？有些動物顯然能夠計算小數目，目前已知鴿子、喜鵲、老鼠和猴子都能夠計算小的數目，還能在較大的數目之間做大概的區分，許多動物也能判斷牠們的孩子是否少了任何一個。

四隻長毛象或更多長毛象？

　　想像一個原始人正看著一群可能的午餐——水牛，或是毛茸茸的長毛象。這群獵物數量龐大，而獵人既沒數字系統的概念也不會數數，他只知道，不管數量為何，落單的長毛象比較容易下手，而且如果有更多的夥伴，這項狩獵任務會變得更簡單、更安全。

對僅有原始狩獵工具的獵人而言，多對一才比較可能安然無恙並飽食一頓。

不用數數如何計算羊群數目

當每一隻羊離開圍欄時，在一根骨頭上標記刻痕，或者一次一顆小卵石放在一堆。到羊群就寢時刻，當每一隻羊回欄時檢查每一道刻痕或每一顆小卵石：

- 如果有卵石或刻痕未被計算到，就去尋找失蹤的羊。
- 如果有羊隻死亡，就丟掉卵石或削去刻痕。
- 如果有羊隻出生，便加入一顆卵石或一道刻痕。

在「1」與「多於1」之間、「很多」和「很少」之間有明顯的差別，而這並非數數得來的。

在某些情況下，量化額外的長毛象或額外所需的狩獵人力是會有幫助的，但精確的數目仍非絕對必要，除非獵人想較量彼此的狩獵能力。

嘿！計算

接著，長毛象獵人把他們的牲畜安置妥當。當人們開始圈養動物時，就需要一種記錄方式，以檢視是否所有的綿羊、山羊、犛牛、豬都安全待在圍欄內，最簡單的方法是使用符木（tally）做為記錄，將每一隻動物對應為一個記號或一顆石頭。

這套方法不需要計數便能確認是否少了任何一隻動物，就如同我們可以一眼看出餐桌上一百個用餐位置是否都有用餐的人。此種一對一的對應方式人類在幼年便已習得，小孩子會將幾何形狀的積木放進形狀相應的洞口，或將玩具熊跟床配對等，這是人類很早就領悟到的集合論基礎：一組物件能夠和另外一組物件做比較。如此一來，我們不需要數目的概念就能簡單處理集合問題，所以早期的農夫不需要計算，就能把卵石從這一堆搬移到另一堆。

由於記錄物件數目的需要促使最早的符號——即文字書寫的前身——出現。考古學家在捷克發現一根有三萬年歷史的狼骨，上面有刻痕，而且刻痕顯然為計數符號，這也是目前所知最早的數學物件。

從二到二的性質

能用來計算羊群數目的符木條（或卵石堆）亦能用做其他途。如果手上有 30 個代表綿羊的籌碼，它們也能用以表示 30 隻山羊、30 條魚或 30 天，這些籌碼可能很早就被用來計算時間，例如小孩出生前的月數或天數，或從播種到收成的時間。當人們領悟到「30」的概念可以在物體間轉移並可獨立存在，這便預示了數目概念的來臨。人們不僅知道 4 顆蘋果可以以 1 人 2 顆的方式分給 2

> ### 一個、兩個、許多個
>
> 位於巴西的派拉哈部落只有表示「一個」、「兩個」和「許多個」的文字。科學家發現，沒有數字的文字系統會限制部落對數目的概念，他們在一項實驗中發現，派拉哈人只能仿畫有一個、兩個、三個物件的圖案，一旦要求處理四個或更多物件時就會發生錯誤。有些哲學家認為，這是語言決定論目前為止最強烈的證據，這項理論認為理解力建構在語言上，至少就某些方面而言，一旦一件事沒有相對應的詞彙，我們就無法思考。

個人，更發現任何數量為 4 個的物件都可以平分成 2 組，每組 2 個──確切而言，4「就是」2 個 2。

在此階段，計數已不只是為了清點數量，而且每個數目都需要一個名稱。

身體計算

許多文化發展出利用身體部位來計數的方法，經由指出身體部位或以公訂順序指出身體上一段範圍來表達不同數字，最後，該身體部位的名稱可能進一步用以代表數字本身，「從鼻子到大腳趾」可意指（比如說）34，此段身體部位能用來表示 34 隻綿羊、34 棵樹或其他任何數量為 34 的事物。

步向數字系統

用每個物件對應成一個符號的方法來計數，在數目不大的情況下非常適用，但很快

我們的收成有多少？一個葡萄牙的葡萄園工人在一根記數符木條上記錄運送經過的每一籃葡萄。

人們就發現這方法不敷使用。為了能將數字運用於比清點或計數更複雜的計算上，首先需要一套比刻畫短線、圓點更簡單明瞭的方法來記錄數字。雖然目前我們只能從觀察未工業化地區的民族，來推測口語計數系統的發展，但手工製品為計數的書寫留下了實體證據，記錄了數字書寫系統的發展。

最早的數字系統與符木有關，人們以一連串的符號一對一地對應計數的物件，所以「Ⅲ」或「…」可能代表3。在西元前三四○○年，古代埃及人已經發展出一套象徵系統（或象形文字）來代表10的倍數，他們以一條短線表示1，並以一個符號代表10，另一不同符號代表100，再一符號表示1,000，如此直到1,000,000。每一個符號會重複至多九次，符號的一致性會使數字較容易被辨認。美索不達米亞（今伊拉克）在西元前三千年（或更早）也曾有過類似的數字系統。

另一種眾所皆知的簡單計數系統是羅馬數字，數字一到四以垂直的短線表示：

Ⅰ、Ⅱ、Ⅲ、ⅢⅠ

羅馬人放棄使用ⅢⅠ，轉而以另一個符號V代表五，之後他們有時用Ⅳ來代表ⅢⅠ，如此一來垂直短線的位置決定數字的意義：五減一。同理，Ⅸ用以表示九（十減一）。以下符號用做代表五和十的倍數：

V = 5	L = 50	D = 500
X = 10	C = 100	M = 1,000

各數字是由結合一、十及其倍數所建立的，所以，2008的表示法是MMVIII。5、50和500的符號在一個數字中不能使用超過一次，因為VV已經由X作為代表，其餘同理。

有些數字在書寫上是相當麻煩的，例如：38寫成XXXVIII。在這套系統中，減法只能發生在位數相同的符號上，所以，49不能寫成IL（50減1），必須寫成XLIX（50減10；10減1）。

數字符號發展的下一階段是1到9各用一個不同的符號表示，不再以重複符號的方式來表示一個數字（例如：XXX代表30），接著將1到9的符號與表示10、100等等的符號

古埃及的象形文字以十的倍數表示數字，這個數字系統所能表示的最大數目為9,999,999。

結合，以指出有多少個十、百和千。目前中文的數字系統就是採取這項原則：

四十 = 4 × 10 = 40

但是，十四 = 10 + 4 = 14

而且，四十四 = 4 × 10 + 4 = 44

這是我們知道的乘法系統，用以表示數字的符號數量較為固定，1 到 10 由一個字元表示（一、二⋯⋯十），11 到 20 由兩個字元表達（十一、十二⋯⋯二十），其後，10 的倍數直到 90 由兩個字元表達（二十、三十⋯⋯九十），而最大至 99 的其他數字由三個字元表示（二十一、二十二⋯⋯九十九）。與此相比，羅馬數字 1 到 10 需要一到四個字元，而 1 到 100 的數字需要一到八個字元才能表達。

密碼系統

前面所提及的象形文字系統只是三種古埃及文字系統的其中之一，另外還有兩種數碼系統（ciphered system），世俗體（demotic）與僧侶體（hieratic）。這兩種數碼系統不僅用不同的符號來表示數字一到九，十、百、千的倍數的表示方式也各有不同。僧侶體是目前所知最古老的數碼系統，以非常簡潔的形式表達數字，但使用者也因此必須學習大量的符號。這種數字形式可能有其社會目的：保持數字的「特殊性」以賦予懂得使用的人額外力量，形成一群數學精英分子。在許多文化中，數字與神威和魔力緊密結合，而維

這一頭牛幾歲 v.s. 你領到多少薪水

巴比倫人（從伊拉克南部到波斯灣）使用兩種數字書寫系統。一個是楔形文字，包含由尖筆在潮濕的黏土上製成的楔形符號，製成後再烘乾；另一個系統是曲線文字，利用尖筆的另一端製成，為圓形。楔形文字用以表示年代、動物的年紀和應支付的薪水，曲線文字則用來表示已經支付的薪水。

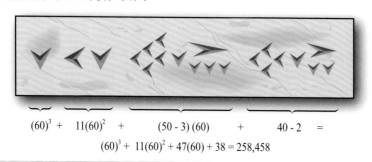

$$(60)^3 + 11(60)^2 + (50-3)(60) + 40-2 =$$
$$(60)^3 + 11(60)^2 + 47(60) + 38 = 258,458$$

	1	2	3	4	5	6	7	8	9
個位數									
十位數									
百位數									
千位數									
萬位數									
十萬位數									

埃及新王國（西元前 *1600-1000* 年）的僧侶體數字比之前使用更多的符號，製造出的數字更簡潔，但也更難學習使用。

護數字的神祕性有助維持神職人員的地位，中世紀時，即使是天主教會也沉浸在這種唯恐失去數字的守護活動之中。其他的數碼系統包含埃及古語、印度的婆羅門語、希伯來語、敘利亞語和早期的阿拉伯語。數碼系統通常使用其字母系統的文字來呈現數碼。

示零的符號存在時才有效，否則就無法分辨24、204和240，此問題巴比倫人便曾遭遇過。

	10,000	1,000	100	10	1
54,321=	5×10,000	4×1,000	3×100	2×10	1×1
10,070=	1×10,000	0×1,000	0×100	7×10	0×1

位值制使非常大的數變得更容易呈現，因為不需要新的名稱或符號即可為一個更大的位數命名。（例如：五位數的單位為「萬」，而六位數的單位則以「十萬」記載即可。）

目前所知最早的位值制可以追溯至西元前三千至兩千年的蘇美文明，但它是一個同時使用十進位與六十進位的複雜系統。直到西元前三世紀為止都沒有「零」的概念出現，此時數字的概念依然不明確而且容易造成混淆；即便是在「零」的概念出現之後，我們也從未將它用在數字的末端表示，所以

各就各位

　　數字的位值制就像我們現代的系統，以一個數字的位置來呈現意義。位值制的發展來自乘法系統，像是中國字省略代表10、100等等的符號，僅依賴數碼的位置來呈現它的意義（如1,400用「一千四」表達；1,004用「一千零四」表達），這種方式只在表

13

蘇美人和巴比倫人

美索不達米亞的肥沃地區位於底格里斯河和幼發拉底河之間，一直以來都被稱為文明的搖籃。現在的伊拉克便是由蘇美人開墾的，他們在西元前四世紀中葉就已建立可能是世界上最早的文明，在西元前兩千三百年入侵的阿卡德人（Akkadians）大致上也是採用蘇美文化。西元前兩千年至西元前六百年左右，亞摩利人（Amorite）在這裡建立了巴比倫王國。之後，來自波斯的入侵者接管兩河流域，他們同樣地承續這個地區的文化。

只能從上下文推敲得知（比如說究竟指的是 2 還是 200）。這有時容易有時則不然，「我有 7 個兒子」的陳述句不可能被解釋為「我有 70 個兒子」；但若是「有『3』個敵軍正在接近中」的陳述句便有模稜兩可的危險，也許是 300 人的陣容？或許還能應付，但若是一支 3,000 人、30,000 人甚至 300,000 人的大陣仗，那就非同小可了。

古希臘時期使用的兩種數字系統中，在雅典最為盛行的系統使用希臘字母呈現數字，從頭開始以 α（alpha）代表一，β（beta）代表二，如此直到九，接著以個別字母代表十的倍數與百的倍數，如此一來，任何一個三位數字可以用三個字母表示，任何一個四位數字能用四個字母表示，其餘同理。由於此字母系統沒有足夠的字母（編按：希臘字母只有 24 個，但若要三個位數都有對應的符號，需要 27 個字母才夠用），因此有些數字是以希臘人不再用於書寫的古體字母呈現。對超過 999 的數字，他們會在字母的左方加上一個打勾的符號代表「× 1,000」，或者用字母 μ（mu）代表「× 10,000」。為了區別文字跟數字，他們會在數字上畫上一條槓。當時有人認為大數目並不存在，因為它們無法以字母表示，於是希臘哲學家便想出書寫極大數字的方法，不是因為需要它們，而是為了反駁這種言論。

馬雅人使用一套完整的位值制系統，並靈活應用其中的零。目前所知最早使用在馬雅碑文上的零是在西元前三十六年。十六世紀時，馬雅文化被來到猶加敦（Yucatan）的西班牙侵略者發現，連同馬雅文明一起被

徹底摧毀。馬雅數字系統以 5 和 20 為基底，基而非 10，所以使用上仍有限制。最的完早美位值制系統是印度人的傑作，他們使用「點」來表示空著的位置（零）。

印度－阿拉伯數字的誕生

我們現在所使用的數字系統已存在了一段漫長的時間，它發源自超過兩千年前的印度河流域文明，最早出現在佛教的碑文上。

此數字系統使用一條短線來代表「一」，這很符合直覺，很多文化有相同的想法也不令人意外。不過筆畫的方向不同：西方世界沿用印度－阿拉伯的垂直筆畫「1」，而中國人使用水平筆畫「一」。然而，我們現在用來代表 2、3、4 等的彎曲線條又是怎麼來的呢？

最早的 1、4 和 6 至少可追溯至西元前三世紀，於印度阿育王（Ashoka）的碑文（記錄了西元前三〇四至二三二年間，以佛教為國教的印度孔雀王朝統治者──阿育王的思想與功績）上被發現。西元前二世紀的娜娜吉哈（Nana Ghat）碑文為數字表加上 2、7 和 9，而 3 和 5 則最早被發現於西元一或二世紀時的納西克（Nasik）洞穴中。西元六五〇年，生活在美索不達米亞的景教（Nestorian）主教西弗勒斯・薩布喀（Severus Sebokht）所寫的文本中提到九個印度數字：

1	2	3	4	5	6	7	8	9
一	=	三	+	ƅ	๔	༡	౨	༡

在婆羅門（Brahmi）的文字系統中，分別在「二」的兩道水平筆畫之間加上一條對角線，以及在「三」的右邊加上一條垂直線，就變成我們現在所用的「2」跟「3」了。婆羅門數字是數碼系統的一員，10、20 和 30 等也有個別的對應符號。

向西移動

阿拉伯作家伊本・格弗第（Ibn al-Qifti, 1172-1242）在他的著作《科學家列傳》（*Chronology of the Scholars*）中，記載了

婆羅摩笈多（Brahmagupta, 589-668）

印度的數學家暨天文學家婆羅摩笈多生於北印度拉賈斯坦邦（Rajasthan）的賓模爾（Bhinmal），他在烏闍衍那（Ujjain）掌管一間天文觀測所，且出版了兩本關於數學和天文學的著作。他的著作介紹零和零在算術中的使用規則，並提供解出一元二次方程式的方法，這個方法我們至今仍使用著：

$$\frac{-b \pm \sqrt{b^2 - 4ac}}{2a}$$

婆羅摩笈多所著之《婆羅門曆數全書》（*Brahma-sphuta-siddhanta*）是用來解釋智慧宮裡面天文學所需要用到的印度算術。

西元七六六年時，一位印度學者如何將一本書帶到伊拉克巴格達，交給阿拔斯王朝（Abbasid）的第二任哈里發（caliph，伊斯蘭世界對統治者的稱呼）統治者阿布•加法爾•阿卜杜拉•伊本•穆罕默德•阿爾•曼蘇爾（Abu Ja'far Abdallah ibn Muhammad al-Mansur, 712-75）。這本書有可能是印度數學家婆羅摩笈多（Brahmagupta）在西元六二八年所寫的《婆羅門曆數全書》。這位哈里發建立了智慧宮（the House of Wisdom），以此教育機構引領著中東知識的發展，並將印度文和古典希臘文本翻譯成阿拉伯文，《婆羅門曆數全書》就是在這裡被翻譯成阿拉伯文，印度數字也向西方世界邁出第一步。

印度數字之所以能遍及中東，是智慧宮的兩本重要文本的功勞：波斯數學家阿爾•花拉子米（Muhammad Ibn Musa al-Khwarizmi）的《印度數碼算術》（*On the Calculation with Hindu Numerals*, 825）和阿拉伯數學家阿爾•肯迪（Abu Yusuf Yaqub ibn Ishaq al-Kindi）的《印度數碼的用途》（*On the Use of the Indian Numerals*, 830）。

印度數碼以計算「角的數量」的方式來描繪數碼一至九，我們很容易就可看出印度數碼是如何加入線段以變換數字來呼應這個系統──數數看，我們現在所使用的數碼以直線形式呈現時，有幾個角？

阿爾•花拉子米（Muhammad Ibn Musa Al-Khwarizmi, 約 780-850）

波斯數學家和天文學家阿爾•花拉子米生於花拉子（Khwarizm），即今烏茲別克共和國的希瓦（Khiva），曾經在巴格達的智慧宮工作，他將印度文本翻譯成阿拉伯文，並負責將印度數字帶進阿拉伯數學中，他的作品後來被翻成拉丁文，歐洲不僅因此獲得數字和算術方法，也出現了源自他的名字的「演算法」（algorithm）一詞。當阿爾•花拉子米的作品被翻譯時，人們確信是他發明了他所提倡的新數字系統，此套系統被稱為「阿拉伯數字計數法」（algorism），而那些使用印度－阿拉伯位值系統的人稱為演算學家（algorists），他們與使用羅馬數字系統和算盤計算的算盤學家（abacists）有所衝突。

123456789

123456789

零也大約是在此時被採用的；零，當然，沒有角度。一群阿拉伯學者設計了我們現在所使用的完整位值制系統，放棄印度數學家使用的十的倍數數碼。

不久之後，煥然一新的印度－阿拉伯數字系統從西班牙（當時的西班牙是由阿拉伯人統治）傳入歐洲大陸。第一本提及印度－阿拉伯數碼系統的歐洲著作在西元九七六年於西班牙出版。

羅馬出局

在印度－阿拉伯記號傳入西班牙時，想當然爾，歐洲已經有了一套他們使用的數字系統。但西方的羅馬帝國垮台後（一般記為西元四七六年），羅馬文化只能逐漸走向凋零。

1	I	5,000	ↀ
5	V	1,000	ↀ
10	X		
50	L	50,000	ↀ
100	C		
500	D	100,000	ↀ
1,000	M		

對無物大驚小怪

零的概念看起來好像與計算對立，由於零意謂著在計算上缺席，所以一開始並不需要自己的符號，但是當位值制出現時，它就需要一個符號，最初是用一個空格或一個點來表示沒有數字占用該位置，目前所知，最早使用這種方式的是西元前一五〇〇年的巴比倫人。

馬雅人也有零的記號，是用貝殼紋路呈現：

這種方式的使用起碼始於西元前三十六年，但是在古代數學世界中毫無影響力。第一個把零的概念用在實際用途上的民族可能來自中美洲。

現代世界的零來自印度，目前所知最早提及零的文本，是西元四五八年時耆那教徒（Jain）的《路卡米哈嘎》（Lokavibhaaga）。婆羅摩笈多在他的《婆羅門曆數全書》中寫下零的運算規則，例如任何數乘上零都得到零，這是目前所知第一本將零視為一個具有自身特性數值的著作。

阿爾•花拉子米將零傳入阿拉伯世界。現在所使用的「零」（zero）的名稱，便是源自阿拉伯文「zephirum」一字，並以威尼斯文的形式呈現（是義大利威尼斯所用的語言），威尼斯數學家帕喬利（Luca Pacioli, 1445-1517）出版了歐洲第一本正確使用零的著作。雖然歷史學家在西元前一年與西元元年間沒有畫定「西元零年」，但基本上天文學家都認為應該要有。

異國來的字母

在羅馬人能夠閱讀和書寫文字前，就已經會書寫數字
了。他們使用的數字來自於統治羅馬大約一百五十年
的伊特拉士坎人（Etruscans），後來他們征服了說希
臘語的庫邁城（city of Cumae）後，開始學習讀和寫，
並以伊特拉士坎人使用的數字來創造羅馬字母。

羅馬數字系統當時已經超過五百年未受
到挑戰，雖然印度－阿拉伯數字在十世紀時
的一些創作和抄本著作中有被提及，但事實
上，它們有一段長時間一直未進入主流之列。

隨著帝國的擴張和漸趨成熟，羅馬人
需要越來越大的數字，他們發展出一套算
數系統，把數字寫在方格中，或寫在方格
的三個邊上，以表示該數字應乘以 1,000 或
100,000。然而這個系統的使用並不一致，

$\boxed{V}$ 可能意指 5,000 或 500,000。

羅馬數碼基本上無法用來算數，這導致
它最終被取代。

$$\begin{array}{r} \text{XXXVIII} \; + \\ \underline{\text{XIX}} \\ \text{LVII} \end{array} \quad (38 + 19 = 57)$$

為了會計記帳、課稅、人口普查等目
的，羅馬會計人員總是使用算盤。印度－阿
拉伯數碼在算數上有很大的優勢，因為位值
制使得算術變得非常容易。此外廣為周知的
費布那西（Fibonacci, Leonardo Pisano, 1170-

當義大利數學家費布那
西還是小孩子時，他和
他的貿易商父親到北非旅
遊，因此認識了印度－阿
拉伯數字。

1250）和帕喬利（Luca
Pacioli），對印度－
阿拉伯系統的普及也
功不可沒，商人和會
計人員尤其受惠。即使
如此，歐洲也是經過好
幾世紀的努力，才
徹底轉向使用印度
－阿拉伯系統（請見〈不能說的數字〉，頁
54）。

雖然羅馬數碼在算數上的功能被取代，
但在許多情況下，它們仍然被使用著，舉例

九個印度數字就是 9、8、7、6、5、4、3、2、
1，有了這九個數字，再加上 0 的符號……
任何數字都可以被表示出來。

——費布那西，《計算之書》
（Liber Abaci），一二○二

紀年銘

紀年銘（chronograms），指的是併入羅馬數碼的詞組，通常用於墓碑和書籍，藉由挑出某些特定字母並重新排列，便能揭示出一個日期，例如「My Day Is Closed In Immorality」這個句子是紀念英國女王伊莉莎白一世在一六〇三年去世，其字首大寫字母可排成 MDCIII，即對應到羅馬數字的 1603；一個由古斯塔夫・阿道夫（Gustavus Adolphus）在一六二七年鑄造的硬幣，上面寫著拉丁文銘文「ChrIstVs DuX ergo trIVMphVs」（Christ the Leader, therefore triumphant：基督是主，所以得勝），將大寫字母重新排列，便是代表 MDCXVVVII 或 1627 的紀年銘。

尚未結束

如果你認為我們的數字已經停止演化，那可就錯了。在上個世紀，我們已經看到斜線零 Ø 的發展與隨後的衰退，這個記號是為了和電腦資料輸出的大寫字母「O」做區分；我們也看到 LED 數字顯示器上，以直線的形式呈現的數字。電腦可判讀的條碼組也已經發展成能在支票和其他金融文件上使用，數字的呈現再也不限於原本的書寫體。

此外，我們已發展出一種新的記號方式，可用來書寫大到不可思議的天文數字，我們的祖先是無法想像這些數字的（見第 24 至 31 頁）。

來說，時鐘或電影和電視節目的版權日期便常以羅馬數字呈現。

帕喬利（Luca Pacioli）是聖方濟教會修士，在這幅巴爾巴利（Jacopo de Barbari, 1495）的畫作中，帕喬利正在證明一個歐幾里得（Euclid）的定理。

電腦條碼利用不同寬度的直線代表數字，電腦掃瞄器能將這些條碼「視為」數字。

語言數字

這是一種新的數字書寫系統，由海梅・雷丁（Jaime Redin）在一九九三年發展出來，是特別為了輸入計算機或其他機器所設計，稱為「語言數字」，其目的是使數字的輸入在使用上比位值制更直覺、快速，例如數字 4,060,087 將寫成 4M60T87，輸入計算機時按 4-M（百萬）、60-T（千）及 87；數字 4,000,007 寫成 4M7，以 4-M-7 的方式輸入。

數字與進位

以十為基底的系統稱為十進位系統，但事實上，無論哪種進位系統，都是以「10」為進位單位。有了進位的概念之後，從此計算的對象不再限於單個數量，而開始能夠以群體數量作為計算單位。以位值制系統而言，這意指我們重覆使用「10」來表示「我們擁有的最大數字加上一」，在二進位系統中，我們熟知的 2 以 10 表示；在五進位系統中，5 以 10 表示；所以對我們而言，「9+1」代表 10。

手指與拇指

我們之所以會發展出十進位系統，大概是因為絕大多數的人都有十根手指頭，儘管我們會覺得用手指算數似乎是很自然而然的，但事實上各個時期的不同文化延伸出各自獨特的算數方式。手指可以伸直或彎曲來表示數字；關節也可以像手指一樣被用來計算；一隻手掌可以用來代表十的倍數或其他單位，而有時候也許需要與人互動，例如需要互相握住手指或拉住手指。

在歐洲和中東曾使用一套高度發展系統，比一般手指算數更複雜，它有點像手語，可以計算到 10,000，甚至可以利用手指彎出不同形狀來表示更大的數字。這套系統顯然使用了一段很長的時間，七世紀的英國作家比德（Venerable Bede, 672-735）描述過此系統，十六世紀的波斯辭典《Farhnagi Djihangiri》也曾提及。

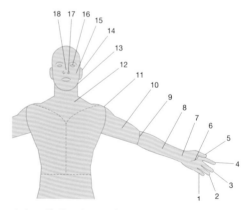

人們不僅利用手指運算，在巴布新幾內亞的法蘇人（Fasu）還使用這個身體計算系統（body-counting system）。

回到基底

儘管人類很容易依賴手指作為計算工具，但並非所有的文化都使用十進位系統，

東方的手指交易法

幾個世紀以來，利用手指的神祕買賣交易系統在阿爾及利亞和中國廣泛流傳，兩位參與者必須知道他們所協商的大概價錢，不論是個位、十位、百位或千位。協商者之一將握住對方的食指來表示 1 或 10 或 100，食指加上中指表示 2，諸如此類，抓住整隻手的手指則代表 5。不同的地區使用不同的方法來表示 5 以上的數，例如：有些地區，6 是以緊握兩次代表 3 的手指來表達，其他地方則以張開拇指和小指，其餘指頭握於掌心來表示。協商的雙方通

國際貿易語言：在中國西安兵馬俑遺址附近，一位旅客正與攤販議價中。

常會將手藏在袖子或長袍內，這樣旁觀者就無法看見議定的價格。

實際上，我們使用的某些奇怪的重量和測量單位便是來自不同進位系統的文化。

以 2 為基底的二進位，用於電腦，因為它可以表明兩種狀態：真或假，或者電荷的正或負。但除了電腦之外，也有人類使用二進位系統，一些澳洲的古老部落使用的計算系統定義數字名稱的方式與 2 和 1 有關；在米爾恩灣（Milne Bay）的格帕帕窪部落（Gapapaiwa），sago 代表 1，rua 代表 2，然後 rua ma sago 表示「3」，其字面上的意義為「2 和 1」，rua ma rua 即「2 和 2」代表「4」，rua ma rua ma sago（2 和 2 和 1）表示「5」。這套方法雖然使用數字 1 和 2 而非 0 和 1，相異於電腦的二進位，但仍只有兩個數字。

火地島（Tierra del Fuego）和部分南美洲的原住民使用以三和四為基底的進位系統。以四為基底的系統之所以出現，是因為四為大部分人看著一排物件時，不需計算即可直覺領會的最大數，正因如此，「五根柵欄」的記錄方法廣泛使用在計算各種事物上，從原野上的羊群到在監獄裡待的天數。

‖‖‖‖ ‖‖‖‖ ‖‖‖‖ ‖‖

= 5 + 5 + 5 + 2 = 17

「四的法則」的背後突顯許多文化的奇特性，舉例而言，在古羅馬，前四個小孩以「適當」的名字命名，如馬克斯（Marcus：火星，代表戰神）或朱利斯（Julius：凱薩的名字）；但是，接續的四個小孩會以序數

利用手指計算的方式有許多種，大部分都是以五或十作為基底。

命名：昆圖斯（Quintus：第五）、賽克斯（Sixtus：第六）、塞普蒂默斯（Septimus：第七）等等。

少數文化使用五進位（以五為基底）的系統，包含莎拉薇肯（Saraveca）語言的使用者以及伊隴格人（Ilongot）；前者是南美阿拉瓦肯語系（Arawakan）的語言，後者為來自菲律賓和印尼的獵人頭部落。印加人利用五進位系統來命名的數字可上至 10,000，顯而易見地，五進位是從計算一隻手的手指逐步發展起來的。

其他常見的系統有六進位（以六為基底）、十二進位（以十二為基底）和二十進位（以二十為基底），十二進位與二十進位通常與其他基底並用，這個複雜的系統將小的基底用於小的數目（到五或十），超過特定數目大小時就使用大的基底。在法語中二十進位制的殘跡依然存在，例如「四個二十」（quatre-vingts）代表八十。十二進位制也在我們身旁處處留下遺跡，如廣泛使用的打與籮（144 = 12×12）、十二吋為一呎，以及一年有十二個月。

古代蘇美人有六十進位系統，以六十為基底。要記得六十個不同數字的名稱顯然是相當困難的，所以比較小的數字使用十進位。我們至今仍沿用巴比倫人的一分鐘為六十秒和一小時為六十分鐘的觀念，當我們寫下二小時十八分三十八秒時，就是在使用他們的六十進位制系統。他們使用六十為基底的原因已不可考，但是，六十有很多個因數（可以整除六十的數），因此成為一個好用的基底。阿拉伯數學家在天文學上使用六十進位，通常在計算困難時會轉換到十進位，在發表最終計算結果時再回到六十進位。

一部電腦到底有幾根手指頭？

當基底超過十，我們需要加入其他符號來代表十進位系統所沒有的數字。電腦運算

十進位相應值	1	2	3	4	5	6	7
二進位	1	10	11	100	101	110	111
三進位	1	2	10	11	12	20	21
四進位	1	2	3	10	11	12	13
五進位	1	2	3	4	10	11	12
六進位	1	2	3	4	5	10	11

十進位	9	10	11	12	13	14	15
十六進位	9	A	B	C	D	E	F
十進位	16	17	18	19	20	21	22
十六進位	10	11	12	13	14	15	16
十進位	23	24	25	26	27	28	29
十六進位	17	18	19	1A	1B	1C	1D
十進位	30	31	32	33	34	35	36
十六進位	1E	1F	20	21	22	23	24

不是使用二進位就是十六進位（以 16=2⁴ 為底），為了表示十六進位中 9 到 10（等於十進位中的 16 到 23）之間的數，我們使用英文字母來表示。

所有 10 以上的數字顯然都隨進位方式而具有不同意義，也因此有混淆之虞，如十六進位的「11」意指十進位的「17」，電腦用書常在十六進位數字前標上 #，所以，「#11」就是 17（而 23 會以 #17 表示）。

除了電腦計算採用十六進位，一些奇怪的進位方式也躡手躡腳地重回我們的日常生活中，就像我們有時會以「打」為單位買雞蛋，我們也會買 512 MB 的記憶卡或有 8G 容量的 iPod，十進位制絕對尚未主宰我們的生活。

卡通計算

卡通人物常被畫成有三根手指和一根拇指，我們是否會變得越來越像辛普森（Homer Simpson）？我們可能沒那麼黃，也比較瘦，而且有較多的頭髮，卻有可能像他一樣使用八進位的計算方式，如此一來，「10」個甜甜圈將只有八個。

許多東西在貿易上的計量單位不是用十進位，例如雞蛋就是以「打」為單位。

什麼時候一千不再是一千？

雖然為了方便起見，我們把千位元組（kilobyte）當作一千個位元組（byte），而百萬位元組（megabyte）當作一千個千位元組（kilobyte），但事實上這些專有名詞模稜兩可，在不同的內容中可能指不同的數目。因為電腦是依二進位運算的，所以千位元組通常是指 1,024 位元組（2^{10}），而百萬位元組則是指 1,024 個千位元組（＝ 1,048,576 位元組），但是有時候它們個別也可以用於表示 1,000 位元組和 1,000,000 位元組。為了解決這些困擾，1998 年引進了新的百萬位元組（mebibyte）與千位元組（kibibyte）為單位，kibibyte 現在正是 1,024 位元組，kilobyte 則是 1,000 位元組；mebibyte 是 1,048,576 位元組，megabyte 則是 1,000,000 位元組。

但是困擾依舊存在，一般而言，測量電腦硬碟大小時，一個 megabyte 是 10^6 位元組（1,000,000）；測量電腦記憶體與檔案大小時是 2^{20}（1,024 × 1,024）位元組；測量 USB 隨身碟或舊型 1.44MB 軟式磁碟片時則是 1,024,000（1,000 × 1,024）位元組。但不論是哪種算法，一個位元組都等於八個位元（bit）。

更多的數字，有大有小

人類使用的第一種數字是正整數，因為正整數與真實世界中的事物直接相關，但我們現在所認定的數字不只這一種，我們已隨時間發展出負數來量化缺席的數，也知道如何表示小於一的部分片段，並能簡單表達原本造成書寫困難的極大數，我們甚至發展出了描述虛（複）數的方式。

整數

整數包含正整數和負整數，從（包含）零開始向左右兩側

無限延伸。正整數也稱為「自然數」，自然數的特殊性在於可以與真實世界中不可分割的事物做一對一對應。為方便起見，用無限這個名稱來稱呼最大的可能數字，也就是記數的終點。當然，無限不可能存在，因為無論再大的數，我們還是可以加一再加一。極限以「∞」符號表示，第一次出現在約翰‧沃里斯（John Wallis）於一六五五年出版的《論圓錐曲線》（De Sectionibus conicis, Of conical sections）一書中。

溫度計的刻度包含正負數的溫度，是我們所熟知的一種負數應用。

> 上帝創造了整數，其餘都是人類的作品。
> ——利奧波德‧克羅內克

小於零

負數無法直接與物質世界連結，因為我們無法計算負數的物件，例如我們無法理解「負兩頭牛」的意思。但是，當所有權觀念一出現，負數就有了意義，它們最早使用在表示負債（積欠的錢或物品），也用於一些有刻度的測量方式，如溫度。

負數第一次出現於中國的《九章算術》，它是在西元前二世紀到西元一世紀間，由許多位作者編輯而成的。巴克沙利手稿（Bakhshali Manuscript）是一份年代不確定但不晚於七世紀的印度文本，其中也使用了負數，雖然在負數前有一個令人混淆的加號「+」。用減法符號作為負數的表示法，最早出現在一四八九年，由魏德曼（Johannes Widmann）提出。負數的概念是從印度傳入西方數學界的。

部分和全部

有些事物是不可分割的，如我們不能說兩個半的人或四分之三粒

許多東西都可以細分成更小的部分，但是一塊麵包若細分成麵包屑就沒什麼意義了。

沙。但是有些東西——以及大部分的度量單位——可以切割成小於一單位的小部分：一塊麵包可以分成一半，一個人可以喝三分之一瓶酒，一根樹枝的長度可以是半公尺。分數是一種用來表示部分大小的實用方式。

分數可以表示成一個數（分子）被另一個數（分母）除，如 $\frac{1}{4}$（一單位分成四個部分）。分數又稱「有理數」，因為它可以表示成兩個數的比，例如 $\frac{1}{4}$ 表示 1：4。

而在十進位小數中，小數點後的數字根據位置，依序為十分位、百分位、千分位等等。小數可以表示無理數，無理數不是兩個整數的比，而是在小數點後有無限多位。對許多早期數學家而言，無理數帶來許多問題（見第54頁），波斯的數學家兼詩人歐瑪爾‧海亞姆（Omar Khayyam, 1048-1131）接受了所有的正數，包含有理數與無理數。

> 六十進位和六十的倍數幾乎不曾使用在數學上，而千分位與千的倍數、百分位與百的倍數、十分位與十的倍數，以及其他相似的級數，無論是遞增或遞減，都被使用地很頻繁而專一。
>
> ——韋達（François Viète），一五七九

橫槓以下與以上

埃及人在大約西元前一千年前使用一種獨特得令人費解的分數形式，希臘人在五百年後也遵循這套模式。在印度，耆那教徒數學家在大約西元前一五〇年的《砂那迦經》（Sthananga Sutra）中寫下關於分數的運算。

現代利用橫槓或線號分開分子和分母的分數書寫方式，起源於大約西元六二〇年時印度的《婆羅門曆數全書》，書中將一個數字寫在另一數字之上來表達分數。阿拉伯數學家加上一根橫槓來分開這兩個數，而第一個使用橫槓來表示分數的歐洲數學家是費布那西。

小數點的出現

十進位小數在大約西元前二八〇〇年之前就以印度測量單位的形式被記錄下來：在印度河流域一個稱作隆什（Lothal，今古吉拉特〔Gujarat〕）的考古遺址發現砝碼，重量分別為 0.05、0.1、0.2、0.5、1、2、5、10、20、50、100、200 和 500 單位（一個單位約為 28 公克或 1 盎司），阿布・海珊・阿曼・伊本・伊本拉・阿爾・阿優利第西

（Abu'l Hasan Ahmad ibn Ibrahim al-Uqlidisi, 920-80）寫下第一個為人所知、關於小數使用的阿拉伯文本。十二世紀時，伊朗數學家阿爾・薩毛艾勒（Ibn Yahya al-Maghribi al-Samaw'al）想出了一套有系統的方法，能利用小數來取得無理數的近似值。

小數點的概念相當晚傳到歐洲，弗蘭西斯卡・培羅斯（Francesco Pellos）一四九二年在義大利出版了專書，裡面似乎使用小數點來隔開個位數與十分位數，但是，書中沒有顯示出他對於此舉有確切的理解。在一五三〇年用德語寫下會計學文本的克里斯多福・魯道夫（Christoff Rudolff），是第一

比利時布魯日的西蒙・斯特芬（Simon Stevin）雕像，除了科學與數學著作外，他還發明第一艘沙灘艇（land yacht），飛馳速度和馬一樣快。

個對於小數的運算有透徹理解的人，雖然他使用的表示法為垂直線而非小數點。歐洲第一本關於小數的專書是西蒙‧斯特芬（Simon Stevin）在一五八五年出版的，一般也把十進位小數引進到歐洲的功勞歸功於他。斯特芬使用的符號與我們現在不同，他以下列形式書寫 5.912：

5 ⓪ 9 ① 1 ② 2 ③

法國數學家韋達（François Viète, 1540-1603）實驗了數種書寫小數的方式，他試過把小數的部分抬起並標底線：$(627{,}125\frac{512{,}44}{})$，或以分數的形式呈現小數：$(627{,}125\,\frac{512{,}44}{1{,}000{,}00})$，也曾試過使用直線區隔整數與小數（627,125 | 512,44），或將整數部分以粗體字表示（**627,125**,512,44），但他最終還是沒有想出合適的方法。第一個提到小數點的出版品出自於義大利地圖製造者喬瓦維尼‧馬吉尼（Giovanni Magini, 1555-1617），

韋達曾為亨利四世（Henry of Navarre）工作，他破解了西班牙人的密碼，使法國人能解讀敵人發送的文件。

他是天文學家，也是克卜勒（Kepler）的朋友。他在一五九二年使用了小數點。雖然如此，一直到二十多年後約翰‧納皮爾

埃及的分數

埃及人表示分數的方法很特殊，他們使用特別的符號，如二分之一為 ⊂，三分之二為 ⊓，自此之後，分數以符號 ◯ 表示，分母則以埃及所習慣的數字符號寫在 ◯ 之下呈現，所以，代表七分之一。

由於沒有方法可以表示分子，因此埃及人只使用以一為分子的分數，所以，「五分之二」或「七分之三」就不可能寫得出來，只有「三分之二」屬於特例。讓事情更複雜的是，它不允許重複分數，所以，$^2/_5$ 不能寫成 $^1/_5 + ^1/_5$，而必須想辦法用不同的分數來表達 $^2/_5$：

$$^2/_5 = {}^6/_{15} = {}^5/_{15} + {}^1/_{15} = {}^1/_3 + {}^1/_{15}$$

天文數字和巨數

專有名詞「天文數字」（googol）和「巨數」（googolplex）是由當時年僅九歲的米爾頓‧希羅塔（Milton Sirotta, 1911-1981）發明的，他是美國數學家艾德華‧卡斯納（Edward Kasner, 1878-1955）的姪子。一個天文數字指的是 1 的後面有 100 個零，一個巨數指 1 的後面有天文數字（10^{100}）個零。

這兩個數字實在是大得不可思議，據目前所知，連宇宙中所有的基本粒子（fundamental particle）的數量也少於天文數字（基本粒子屬於次原子粒子（sub-atomic particle），在宇宙中的數量可能有 10^{81}）。如果用標準十號字型大小寫下巨數的話，寫出來的數目長度將會是所知宇宙直徑的 5×10^{68} 倍長，即便一秒寫兩個數字，也必須花費宇宙年齡的 10^{82} 倍的時間才能寫完。

（John Napier, 1550-1617）在其演算式子中使用小數，才讓小數的觀念流行起來。納皮爾在一六一七年建議使用句點或逗點，並在一六一九年決定採用句點當小數點，但許多歐洲國家在那之前已經採用逗點當作小數區分點。

大還要更大

當分數和小數提供一個書寫極小數的方式時，科學的發展使我們需要呈現與描述的數字也越來越大。

科學記號使用十的冪次方表示非常大和非常小的數，十的冪次方顯示出有多少位數字出現於小數點前或小數點後，例如：10^{18} 是 1 後面有 18 個零；而 10^{-18} 是小數點後有 18 個數字，前面 17 個是零，最後是 1。這種呈現方式可延伸應用，舉例來說，$10^3=1,000$，所以 $6.93 \times 10^3=6,930$，而 $6.93 \times 10^{-3100}=0.00693$。科學記號比一長串數字更容易了解，而且書寫起來更為簡潔。

最早的科學記號使用已不可考，不過在一八六三年時已經很流行，當時的一本百科全書包含下列文字：

目前的力等於一公尺除以一秒的值乘上 *10,000,000,000* 倍，也就是 10^{10} 公尺／秒。

約翰‧納皮爾是對數的發明者，他相信世界末日在一六八八年或一七〇〇年將會到來。

沙粒計算者

在世界上最早出現的研究論文中，其中一篇記載了阿基米德（Archimedes）在西元前三世紀誇口說他能夠寫出比填滿整個宇宙的沙粒數目還要大的數。他使用新的愛奧尼亞數字系統（Ionian number）和他自己的記號，有效使用次方，並以「大量」（myriad）——即 10,000 ——為基底，運算「大量」的「大量」次方（等於 100,000,000）。阿基米得所估計的宇宙大小，儘管確實遠超過先前的數字，但其實還是與現代估計的數字相去甚遠，他所算出的沙粒個數為 8×10^{63}。

科學記號	美國名稱	歐洲名稱
10^3	Thousand	Thousand
10^6	Million	Million
10^9	Billion	1000 million(billion)
10^{12}	Trillion	Billion
10^{15}	Quadrillion	1000 billion
10^{18}	Quintillion	Trillion
10^{21}	Sextillion	1000 trillion
10^{100}	Googol	Googol
10^{303}	Centillion	—
10^{600}	—	Centillion
10^{googol}	Googolplex	Googolplex

科學記號的使用因為在美國和其他地方有著不同名稱而大為混淆，雖然這些名稱到百萬之前都相同，但其後就分道揚鑣了，美國的 billion（十億）只有一千個百萬（10^9），歐洲的 billion（萬億、兆）卻是一百萬個百萬（10^{12}），10^9 以 1000 million（千個百萬）為名。

當科學與數學證明需要更大的數時，即使是科學符號也變得笨重到難以掌控，問題的解決之道包含使用 ^ 或 → 來代表次方的次方，甚至使用多邊形來代表次方。

一九七六年，高德納（Donald Knuth）提出使用符號 ^ 代表次方，n^m 表示「n × n 共乘了 m 次」。

$n\char`^2 = n^2$	$3\char`^2$ 是 $3^2 = 3 \times 3 = 9$
$n\char`^3 = n^3$	$3\char`^3$ 是 $3^3 = 3 \times 3 \times 3 = 27$
$n\char`^4 = n^4$	$3\char`^4$ 是 $3^4 = 3 \times 3 \times 3 \times 3 = 81$

重複符號 ^ 至 n^^m 意為「n^n 共乘了 m 次」，而 n^^^m 意為「n^^m 共乘了 m 次」，所以：

$$3\char`^3 \text{ 是 } 3^3 = 3 \times 3 \times 3 = 27$$

$$3\char`^\char`^3 \text{ 是 } 3\char`^(3\char`^3) = 3^{27} = 7,625,597,484,987$$

而將符號 ^ 重複三次成 ^^^ 時，每個數字都會迅速變極大：

$$3\char`^\char`^\char`^3 \text{ 是 } 3\char`^\char`^(3\char`^\char`^3) =$$
$$3^{7,625,597,484,987} {\char`^} 3^{7,625,597,484,987} \text{ 。}$$

有史以來最大的數

在所有數學理論問題中，曾經提出過的最大數為「格雷厄姆的數字」（Graham's Number），命名自美國數學家羅納德‧格雷厄姆（Ronald Graham），在格雷厄姆試著解出某項問題時，他用此數來表達其可能解答的最高上限，這個數大到無法用任何這裡提過的符號來涵蓋，即使是把世界上所有的事物都變成墨水，也不足以將這個數字完整寫出。諷刺的是，有專家懷疑原來問題的真正解答為「6」。

當符號 ∧ 的個數增加時，數字就會越變越難念（而且大得難以想像），約翰・康威（John Conway, 1937-）建議使用向右箭頭來指出符號的個數以濃縮數字，所以：

n∧∧∧4 寫成 n → 4 → 3。

另一種方式稱為「滴定法」（tetration），將：

$$n^{n^{n^{n}}}$$ 表示成 ^{4}n

所以 $^{4}2$ 就是 $2^{2^{2^{2}}} = 2^{2^{4}} = 2^{16} = 65,536$

另一種系統稱作斯坦豪斯－莫澤表示法（Steinhaus-Moser notation）則使用多邊形形狀表示一個數的次方數：

△n（一個數字 n 在三角形內）代表 n^{n}

所以 △2 $=2^{2}=4$，△3 $=3^{3}=27$

▢n（一個數字 n 在正方形內），相當於「數字 n 在 n 個三角形內，相互套疊在一起」。在每一個階段，數字被計算並用於下一個階段，所以，2 在正方形內表示 2 在兩個相互套疊的三角形內，第一個套疊的三角形為 $2^{2}=4$，所以下一個套疊的三角形為 $4^{4}=256$。

⬠n（一個數字 n 在五邊形內），相當於「數字 n 在 n 個正方形內，相互套疊在一起」。起初，斯坦豪斯，使用圓形符號 ⓝ 來表示極限的概念：② 從 256^{256} 開始而且用相同的方式計算 256 次，斯坦豪斯稱 ② 為「很多」（mega），而 ⑩ 為「無限多」（megiston）。莫澤的數字（Moser's number）則定義為把 2 放在有「很多」（mega）邊的多邊形內。

繼續前進

現在我們已認識足夠大的數字，可以開始把它們拿來運算了。數字自己能做的事就是純數學所探討的主題，當數字被徵召到其他學科幫忙時則是應用數學。一個文化在開始應用數字到建築、經濟與天文學等真實世界的問題前，純數學至少必須有一點發展，所以，我們將從數論開始。

第二章

數字的實際運用

數數是一個很好的開始,但是,任何更進一步的數字應用便需要計算。算術的基礎為加法、減法、乘法和除法,這些運算方法人們早就在使用了。

一旦人們開始這樣應用數字,就會發現有許多規律一一浮現,數字似乎會玩把戲而且有自己的生命,他們的種種奇特性質足以令我們驚奇,有些性質簡單而雅致,就像我們計算二位數乘上 11 時,只要將十位數與個位數相加後,將答案放在該二位數之間即可得出結果:

$63 \times 11 = 693$(6 + 3 = 9,將 9 放在 6 與 3 的中間)。

有些則是複雜得令人屏息。數論(包括算術)談論的是有關數字的性質,古代人認為數字充滿特殊魔力,把它們當成神祕信仰與魔幻儀式的中心,現代數學則討論數字之美。

一位男人在日本刀具店裡使用算盤,時約一八九〇年。

兩兩一組

　　算術規則讓古代人能計算出相當簡單的加總問題，但是當所牽涉的數字更大時，幫助計算的工具變得越來越重要，最終目標是使計算機械化。能簡化加減乘除的工具很早就出現了，但近幾世紀以來，簡易的輔助工具已不敷使用，運算數字的工具因此變得越來越複雜且更具技術性，一路發展到現在我們可以用電腦在一秒內完成計算，對早期的數學家而言，這些是相當難以想像的。

細繩、貝殼和枝條

　　最早的數學工具是一些幫助計算的物品，如符木、串珠、貝殼或石頭，例如西非的約魯巴人（Yoruba）使用瑪瑙貝來代表物件，以 5、20 或 200 為計算單位，其他文化則是使用其他的物品。

　　在中美洲地區，印加文明沒有數字書寫系統，但使用稱為奇普（khipu）或快普（quipu）的結繩方式來記錄數字。奇普是以羊駝毛或美洲駝毛結成的著色繩結，有時也用棉線，懸掛在細繩或繩索上，可能用於記錄貨物的所有權、計算和記載稅金與人口普查資料，以及記錄日期，這些繩結由被稱為 quipucamayocs（繩結保管人）的印加會

在一九二○年的一堂數學課上，一個蘇聯的男學童正在使用名為 *schoty* 的俄式算盤。算盤至今在俄羅斯仍被廣泛使用，但已不再在學校使用。

計人員判讀，不同顏色的繩結顯然用於記錄不同種類的資訊，例如關於戰爭、稅、土地等的細節。

　　北美洲部落也使用結繩記事，稱為瓦姆帕姆（wampam）。波斯人、羅馬人、印度人、阿拉伯人與中國人在皮革繩帶上打繩

貝殼曾被當作計算的輔助工具和流通貨幣。

繩結問題

繩結在奇普上的位置，顯示這堆繩結代表的位數；若某個特定位數沒有繩結，則表示零。十的倍數與十的冪次方以一串簡單的繩結來表示，所以，30便是在「十的倍數」位置上有三個簡單繩結，個位數則由一個長結上的轉折數目表示，因此若一個結上有七個轉折點，則此繩結代表七。由於不可能只用一個轉折來綁長結，所以，一是以8字型繩結來表示。奇普通常用來記錄人口普查資料或農作物的收成與貯存。

雖然奇普看起來像是用來裝飾的流蘇，但它曾經是一種成熟的計算輔助工具，圖中的奇普大約是1430-1532年期間的秘魯人所製作的。

結，較少有複雜的設計。

在巴布新幾內亞，以在繩索上刻紋記號的方式，記錄金唇珍珠貝殼（gold lip pearl shell）的交易狀況。在德國，麵包師傅直到十九世紀末仍會用繩結來記錄麵包店的訂單。秘魯、玻利維亞和厄瓜多的牧羊人也使用奇普，以白繩記錄綿羊和山羊、以綠繩記錄牛隻，此方法一直沿用到十九世紀。

這種計數方式相當禁得起時間的考驗，在西藏，禱告繩結仍舊有助於藏傳佛教教徒記錄他們的禱告次數，相同的功能亦可見於穆斯林的念珠與天主教徒的玫瑰念珠。

乘法表

能查詢計算結果——特別是乘法——的數字表，已經使用了好幾千年，美索不達米亞的泥板保留了距今約四千年的古代乘法表格。把常見計算結果編製成表格的概念和數學的文字記錄一樣古老，古代巴比倫數學家將他們的演算結果刻在泥板上，其中許多呈現了包括乘法、平方、立方、平方根與倒數的數學表格。

串珠和木板

有些文化發展出相當精巧的工具和系統來幫助計算，算盤是我們比較熟悉的一種，它大約在西元前三千年起源於美索不達米亞。算盤始於古代巴比倫，原本是鋪上一層沙的木板或平板，用以排列數字或寫字，之後發展成有刻線或構槽的木板，用來放算籌。用木桿或金屬線穿過算珠的現代算盤，

這塊泥板大約有四千五百年歷史，發現於伊拉克的拉格什，內容是有關山羊和綿羊數目的紀錄。

需要更進步的生產技術，但使用的方法大致是相同的。算珠或算籌的位置表示它代表的位數，精通的使用者能很快地移動念珠或算籌，完成運算的速度能和較晚出現的電子計

讓我看看錢

英國的財政大臣稱為「Chancellor of Exchequer」，這個名稱來自「exchequer」板。「exchequer」板是一種類似西洋棋盤的板子，可以用來當算盤。

財政部（*The Exchequer*）是中世紀的英國國家機構，負責收取皇室的歲收。

對數

對數讓長除法和長乘法的計算能快速算出，運算的原則是把想要相乘的兩數的冪次方相加：

$$10^1 = 10$$
$$10^2 = 100$$
$$10^1 \times 10^2 = 1,000 = 10^3$$
觀察一下冪次方的變化：$1 + 2 = 3$

一個數字 n 的對數，便是其底數（此例以 10 為底數）的冪次方次數，所以，10 的對數是 1，因為 $10^1 = 10$，100 的對數是 2，因為 $10^2 = 100$，2 的對數是 0.30103...，因為 $10^{0.30103...} = 2$。

任何兩個數可以藉由相加對數值而完成乘法運算，所以 $\log_{10}10 + \log_{10}100 = \log_{10}1,000$，下標符號表示我們使用的對數是以 10 為底數，也就是以 10 的冪次方做運算。

除了 10，以其他數為底數的運算也依據相同的原則：

$$2^4 \times 2^{10} = 2^{14} \ (16 \times 1,024 = 16,384)$$

所以，若以 2 為底數，16 的對數會是 4。對數在底數為任何值的情況下都成立。

算機一樣快。直到一九二〇年代，倫敦市的會計人員仍必須受訓，以確保他們的算盤技巧跟算術一樣好。

算盤十六世紀傳入日本，至今日本和中東、中國地區一樣仍在使用算盤。早期中國數學家使用紅黑兩色的算籌擺出矩陣，原理和算盤類似，算籌的位置代表其數值。在歐洲，至少到十七世紀商人仍使用著算盤，直到印度－阿拉伯數字系統的算術法崛起，算盤才被取代。

某些早期的阿拉伯數學家接手了印度的基本算術法，而大約九五〇年左右，阿爾·阿優利第西也採用這種計算方式並以紙筆運算，放棄了傳統的印度塵板（dustboard）。

更巧妙的計算

當科學與商業變得更專業、更複雜，對於龐大數目、分數和小數的運算需求也隨之增加，計算也變得費力費時，人們因此致力於尋求更佳的數字管理方法。最巧妙且禁得住時間考驗的解法，是十七世紀由蘇格蘭數學家約翰·納皮爾所提出的對數（logarithms）。

對數表在一六二〇年第一次出版，由瑞士數學家喬斯特·布爾基（Joost Bürgi）印行，他於一六〇三至一六一一年間獨立發現對數，只不過納皮爾率先發表了。使用對數

約翰・納皮爾（1500-1617）

約翰・納皮爾是蘇格蘭數學家，也是默奇斯頓的第八任領主（eighth Laird of Merchiston），十三歲時進入聖安德魯大學（the University of St Andrews）就讀，但未獲得學位。他最為人所知的事蹟是發明對數，並發明了被稱為「納皮爾籌」（Napier's bones）的計算工具。他大約在一五九四年開始研究對數，並於一六一四年發表著作《奇妙的對數表描述》（*Description of the Marvelous Canon of Logarithms*）。納皮爾籌由一系列用於計算的桿狀物組成，是計算尺（slide rule）的前身。

約翰・納皮爾也是火炮的發明者，並建議蘇格蘭王詹姆士六世（James VI）打造一

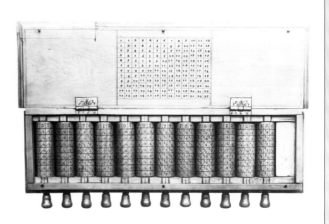

「納皮爾籌」的桿子上有乘法表，使得計算更加簡單，但用法與對數不同。

台像坦克一樣的有洞金屬戰車，小顆火炮可以從洞口射擊。他同時也是第一位使用小圓點當作小數點來區隔小數的人，他的對數表是第一份使用現代形式小數點的文件。他強烈反對天主教，相信羅馬教皇是反基督者。

時，首先必須查出相乘數字的個別對數值，相加後，再查相加後得出的答案的逆對數值（antilogarithms）。至於除法，必須先相減兩數的對數值，再查看逆對數值。

對數也提供一個簡單的方法來查找次方和根號值。找平方時，把對數值乘上兩倍後，查找逆對數值；找平方根時，把對數值除以二，再查逆對數值；找立方時，把對數值乘上三倍；找立方根時，把對數值除以三，其餘同理。在二十世紀晚期電子計算機取代複雜運算之前，西方學校都會教導孩子使用對數表。

對數的發展造就了更多可能性。對科學家而言，複雜的計算——特別是在天文學上的運用——變得更簡單，科學的進展也因此加速。過了不久，對數運算便從書面印製的

對數表移至實體的計算設備，最早的是甘特氏尺規（Gunter scale），是由英國人埃德蒙・甘特（Edmund Gunter）在一六二〇年發展出來的，是一個很大的平面尺規，上面印有對數，船員使用它跟圓規來做距離的乘、除運算。

雖然以 10 為底數的對數運算已經很少使用了（因為運算的工作已交由計算機和電腦處理），科學界仍廣泛使用以 e 為底數的對數（又稱為自然對數）。

計算尺是長期以來作為對數換算的工程尺規，最早是圓的，大約一六三二年時由威廉・奧特雷德（William Oughtred）所設計，一六三三年時他又做了一個矩形的版本，計算尺上有一組刻度是小數，另一組是相應的對數，藉由正確的方式將兩組刻度對齊，便可以判讀兩個數的乘積。

計算機

圖表和隨後的計算尺，使數學運算跳脫了紙筆計算，但是，對於有龐大計算量的新興科學（尤其是天文學，商業、財政、航海）來說，需要更好的輔助工具來幫助計算。

在一六四二至四三年間，計算機第一次被運用在商業上，是巴斯卡（Blaise Pascal，見第 41 頁）為了幫助父親所製造的，其父在法國盧昂（Rouen）負責複雜稅務數字的管理。這個號稱巴斯卡計算器

全都為了 e

在數學中，e 是個很有意義的數，它被定義（尚有其他定義方式）為下列級數的和：

$$\frac{1}{0!} + \frac{1}{1!} + \frac{1}{2!} + \frac{1}{3!} + \frac{1}{4!} + \cdots$$

其中 n! 代表 n 階乘（小於或等於 n 的所有正整數相乘），所以：

$$4! = 4 \times 3 \times 2 \times 1 = 24$$

我們規定 0!=1，因此：

$$e = 1 + 1 + \frac{1}{4} + \frac{1}{6} + \frac{1}{24} + \frac{1}{120} + \cdots$$

它是無窮級數的一個範例，是沒有盡頭的級數列，有無限多的數字。

十七世紀末期開始，有「計算機之王」之稱的計算尺廣泛流行了三百年，但在一九七〇年代其地位被袖珍型計算機所取代。

（Pascaline）的機器中有個包含一連串齒輪的盒子，一個齒輪轉動一圈會推動相鄰的齒輪轉動十分之一圈。它只能計算加法和減法，而且因為當時法國的貨幣不是十進位，所以並不實用：12 丹尼爾（denier）等於 1 梭爾（sol），而 20 梭爾等於一個 1 利梅瑞（livre）。（英國也使用一樣的系統直到一九七〇年為止：12 便士〔penny〕等於 1 先令〔shilling〕，而 20 先令等於 1 英鎊〔pound〕。）

　　比巴斯卡計算機更早一些出現的計算時鐘（Calculating Clock）由威廉·史卡德（Wilhelm Schickard, 1592-1635）在一六二三年所設計，同樣利用轉動的齒輪。他製作的原型在一次大火中被燒毀，而隨著他死於鼠疫，這項發明也銷聲匿跡，直到二十世紀時他描述這部機器的文件（包括寫給天文學家克卜勒的信）被發現後，他的機器才在一九六〇年重新問世。

　　萊布尼茲（Gottfried Leibniz，見第 152 頁）將巴斯卡計算機的原理進一步延伸成能夠進行加、減、乘、除法運算的計算機。一如巴斯卡，萊布尼茲從小就展現聰穎天分，八歲時已經學會拉丁文，且在十九歲拿到第二個博士學位。他最早的「踏式計算器」（Stepped Reckoner）原型在一六七四年建於巴黎，利用中央圓柱及一組長度不同的桿

> 優秀的人才不應該像奴隸般浪費時間於勞神費力的計算上，如果有了機器的協助，我們就可以安心地把計算這種雜事交給任何人來做。
>
> ——戈特弗里·萊布尼茲

狀鋸齒沿著圓筒延伸，藉此轉動一系列的齒輪。儘管天資聰穎，萊布尼茲卻死於貧困，他的機器原型被忽略而且被藏在哥廷根大學（University of Göttingen）的閣樓中，直到一八七九年才被發現。

　　十八世紀出現一陣計算機旋風，都是基於巴斯卡和萊布尼茲的原理製造的，但沒有人真正取得商業上的成功，因為技術的限制使它們在使用上仍然不夠快速、簡單。

　　第一台成功量產的計算機，是法國的托馬斯·科爾馬（Charles Xavier Thomas de Colmar, 1785-1870）製作的，他的四則計算機（Arithmometer）的運算原理同於萊布尼茲的機器，能輕易進行四則運算，在一八二〇至一九三〇年間共賣出 1,500 部，而其他的製造商也生產出相似的儀器。

電腦的出現

　　現代電腦的先驅一般認為是「分析引擎」（Analytical Engine），是查爾斯·巴貝奇（Charles Babbage, 1791-1871）設計的。在當時，複雜的計算——包括對數在內——是藉由數字表格完成，這些表格由稱作「計

布萊茲·巴斯卡（1623-62）

法國數學家、物理學家和哲學家布萊茲·巴斯卡莫立了機率理論的基礎，而且發明了第一部電子計算機。他很小時母親就過世了，同時舉家遷至巴黎，由父親承擔起教育他的責任，巴斯卡天資聰穎，十八歲時就發表了他第一份有關數學的論文。除了設計計算機，他還研究壓力與水力學，制定了巴斯卡壓力公式，並製作以水銀填充的氣壓器。在他三十幾歲時，他歷經了一個強烈的宗教洗禮，因此開始採取詹森主義（Jansenism）的嚴格道德規範，並在一六五五年住進位於皇家港（Port-Royal）的修道院，放棄了他對數學的興趣。

巴斯卡計算機能夠處理最大到 9,999,999 的數字，但只能用於加法與減法。它的操作方法是移動刻度盤，相對應的結果就會出現在上面的窗格中。

算者」（Computers，即今「電腦」的英文名稱）的一群人編輯而成，容易出錯，巴貝奇的目標便是製作一部能夠計算且不犯錯的機器。於是一八二二年時，他開始設計第一台以此為目標的機器，稱作差分機（Difference Engine），用以算出多項式函數的值。他設計的第一台差分機需要大約

排障器

巴貝奇也發明了排障器（Cow Catcher），是附加在火車前面的金屬架構，用以清除軌道上的障礙物。

> 分析引擎把代數模型織在一起，如同雅卡
> 爾織布機把花卉和葉子織在一起。
>
> ——愛達・勒芙蕾絲

雅卡爾織布機

雅卡爾織布機（Jacquard loom）是法國的約瑟夫・馬利・雅卡爾（Joseph Marie Jacquard）於一八〇一年發明的，使用穿孔卡片來儲存織布花案模型，並控制織布機以複製模型。這是第一部由穿孔卡片控制的機器，雖然是完全機械化而非電腦化的設計，仍被視為邁向電腦程式化的重要一步。

差分機二號由倫敦科學博物館所建造，以慶祝巴貝奇二百周年誕辰。它的運作完美無缺。

25,000 個零件，重達 13,600 公斤，高達 2.4 公尺，他從未真正建造這項設計，而是加以改良設計出差分機二號（Difference Engine No. 2），但巴貝奇仍然沒有建造出這台機器。在一九八九至九一年間，倫敦科學博物館根據巴貝奇的圖紙說明，製造出差分機二號，第一次試機時所產生的解答已可正確到 31 位數。

伯努利數列

n	0	1	2	4	6	8	10	12	14	16	18
B	1	$-\frac{1}{2}$	$\frac{1}{6}$	$-\frac{1}{30}$	$\frac{1}{42}$	$-\frac{1}{30}$	$\frac{5}{66}$	$-\frac{691}{2,730}$	$\frac{7}{6}$	$-\frac{3,617}{510}$	$\frac{43,867}{798}$

巴貝奇放棄差分機計畫而著手進行另一個更有野心的計畫：設計一部分析引擎，來接受穿孔卡片上的程式指令，但他仍然沒有真正建造出這台機器，而是重複改良他的設計。數學家愛達・勒芙蕾絲（Ada Lovelace）閱讀了他的設計，建立一個程式來使用分析引擎計算伯努利數列（Bernoulli numbers），伯努利數列是一連串正數和負數有理數的數列，在數論和分析上很重要（如上表）。

奧古斯塔・愛達・金，勒芙蕾絲伯爵夫人（1815-1852）：「平行四邊形公主」

奧古斯塔・愛達・金（Augusta Ada King），通常被稱為愛達・勒芙蕾絲，是詩人拜倫（Lord Byron）和安娜貝爾・米爾班奇（Annabella Milbanke）的女兒，這對夫婦在女兒出生後兩個月就分手了。她的母親希望用數學教育徹底根除愛達可能遺傳自她父親的神經錯亂，因此聘請倫敦大學的第一位數學教授笛摩根（Augustus De Morgan）來教導她。

愛達最早展現她對巴貝奇作品的興趣是大約在一八三三年，一八四二到四三年之間的九個月，她翻譯了義大利數學家路易吉・米那比亞（Luigi Menabrea）關於巴貝奇《分析引擎》（*Analytical Engine*）的著作。她曾經寫過利用分析引擎來計算伯努利數列的操作指南，這份指南被公認為是世界上第一個電腦程式，

雖然從未真正執行。愛達一直與巴貝奇共事直到她早逝，逝世原因是治療子宮頸癌時失血過多。

跟巴貝奇所設計的那台既占空間又只能做算術的機器比起來，我們已經進步了許多，然而，關於誰創造了第一部真正的電腦仍有一些爭論。

德國工程師康拉德‧楚澤（Konrad Zuse, 1910-95）在一九四一年製造出第一部二進位電腦Z3，但是只有部分是可編成程式的。第一台完全可編程的電腦Colossus是由湯米‧佛勞斯（Tommy Flowers, 1905-98）在二次世界大戰時為英國特工隊設計的，用於破解德軍的高階密碼。

晶片

微型積體電路片是一九五二年時英國國防部員工杜默（Geoffrey Dummer）發明的，然而國防部拒絕資助他繼續研發，七年後變成美國傑克‧基爾比（Jack Kilby）的專利。

首台Colossus在一九四四年初開始使用，二次大戰結束前已經製造出十部，不過大部分在大戰結束後就被摧毀，而且有好幾年間英國政府拒絕承認他們曾製造過這些電腦。在沒人承認Colossus的所有權之時，美國乘虛而入，宣稱第一部電腦是由莫希利（John Mauchly）和埃克特（J. Presper Eckert）所構思並在一九四六年製造完工的ENIAC。戰後，大型電腦被運用在工業、政府機關及其他大型機構，電腦產業也應運而生，早期的電腦造價高昂，而且運作時需要穿孔紙帶（punched tapes）或穿孔卡片，沒有螢幕或鍵盤，大多被應用於科學、軍事和財政。

手中的電腦

一九五八年，在美國德州儀器公司（Texas Instruments）工作的傑克‧基爾比（Jack Kilby）研發出微型積體電路片，人手一台電腦的夢想因此成真。微型積體電路片，或稱積體電路，利用蝕刻技術將複雜的電路系統包覆在一塊極小的矽晶片上，使先前用於計算的巨大機器微型化。

除了占空間外，*Colossus* 電腦的處理效能還不及一台蘋果的 *iPod*。在大戰後，英國政府否認它曾存在過。

微型積體電路片促使手持電腦在一九七〇年問世，隨後個人電腦也正式出現。一九七一年時的 Intel 4004 率先將所有電腦功能放入一片微型積體電路片中，宣示電腦設計革命的開始。隨著製造技術的進步，安裝在微型積體電路片的指令數每年呈倍數成長，現代微型積體電路片上的微電晶體，對角線長度已經可以小於一微米（百萬分之一公尺）。如今隨處可見裝置在飛機、車子和家電產品裡的微型積體電路片，它甚至便宜到可以放進生日卡片中，使卡片打開時會自動播放旋律。

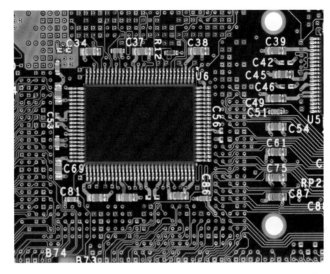

微型積體電路片上的電路小到無法用肉眼觀察，無所不在的微型積體電路幾乎控制了我們所有的科技技術。

電腦的速度與威力持續以驚人的速度成長，一九六九年將人送上月球的電腦，今日只需一支手機就足以匹敵。

目前最快的超級電腦能在一秒內做數百兆項的運算，大約比標準桌上型電腦快一百萬倍。

我們對電腦的要求也與日俱增，解碼 DNA、分析外太空的輻射線來找尋蛛絲馬跡、以及提供數位電影最高解析度，都仍需要花費電腦許多時間。下一個世代的電腦可能拋下全部的矽電路，而轉向量子電腦（quantum computer），使用次原子性質的物質來儲存和操作資料。

早期的計算工具是為了加快運算，電腦一開始也是如此，它將大量的計算變得容易，節省時間的同時也給予正確的結果。一項非常複雜的任務只要可以用邏輯步驟具體指明，便能用電腦來處理，因此促進了邏輯及其標記法的進步，更促進電腦處理這些工作的成效。現在，電腦以符號的形式來處理數學算式，直接以代數方程式來作計算，而非用數字代入方程式後再作運算，例如由諾貝爾物理學獎得主馬丁努斯·韋爾特曼（Martinus Veltman, 1931-）研發的 Schoonschip 程式，就被用來處理高能物理中所需的計算。

一部分的 π

最早透過電腦計算的 π 是一九四九年由 ENIAC 算出的,它在 70 小時內算出 2,037 位數,西元二○○○年,一個類似的程式透過中型個人電腦運算出相同結果只需一秒鐘,也就是說,運算速度大約是 ENIAC 的 250,000 倍。

特殊的數字和數列

　　長久以來人們對數字的魔力深深著迷,我們可以找出數字的模式並因此產生令人驚奇的規則,對早期的數學家而言,有些規則早已不是新鮮事。這些數字通常併入與神祕主義或宗教相關的儀式、建築物和人工製品,數字的特殊性質現在變成數論學家的領域範圍。

質數

　　質數是一群特殊的整數:除了自己本身和 1,它們沒有任何因數(不能被任何數整除),20 以下的質數有 2, 3, 5, 7, 11, 13, 17 和 19(1 不為質數)。隨著數字變大,質數的出現率降低,但仍然相當平常,在 1,000,000 附近的數找到質數的機率是十四分之一。人們研究質數好幾千年了,起初把質數歸因於某種神祕的宗教意義,大約在西元前三○○年,希臘數學家歐幾里得率先證明質數是個無窮的數列,而在超過兩千年後的現在,我們仍舊沒有公式可以預測質數。

　　質數聽起來好像沒有什麼特別,也不完美,甚至沒有真正的因數,但是它們有一連串有趣的性質,這也使質數成為數論的中心。

尋找質數

　　要發現數字小的質數很容易,我們都辦得到;但是,尋找較大的質數就相當困難。

　　質數理論企圖預測質數發生的頻率,法國數學家勒讓德(Adrien-Marie Legendre,

歐幾里得在亞歷山卓城將他的著作呈給國王托勒密一世(King Ptolemy I Soter),此圖是一八六六年由路易斯・費及耶(Louis Figuier)所繪。

埃拉托斯特尼篩選法

古希臘數學家埃拉托斯特尼（Eratosthenes, 276-194B.C.）研發出一套能找出質數的簡單方法，稱為「埃拉托斯特尼篩選法」。

如何篩出質數

1. 畫出一個正方形表格，其中包含的數字為 1 到你的質數上限，將 1 畫掉，因為 1 不是質數。

2. 第一個質數是 2，把它寫在質數表的上方，並將其他 2 的倍數畫掉。

3. 下一個所剩的數是質數 3，所以也把它寫在質數表上，再將 3 的倍數畫掉。

4. 下一個未被畫掉的數是質數 5，把它寫在質數表上，再將 5 的倍數畫掉。

5. 繼續依照此方法做直到結束表格。在質數表上的數（以及表格中未被畫掉的數）就是質數。

	2	3	4	5	6	7	8	9	10
11	12	13	14	15	16	17	18	19	20
21	22	23	24	25	26	27	28	29	30
31	32	33	34	35	36	37	38	39	40
41	42	43	44	45	46	47	48	49	50
51	52	53	54	55	56	57	58	59	60
61	62	63	64	65	66	67	68	69	70
71	72	73	74	75	76	77	78	79	80
81	82	83	84	85	86	87	88	89	90
91	92	93	94	95	96	97	98	99	100
101	102	103	104	105	106	107	108	109	110
111	112	113	114	115	116	117	118	119	120

質數
2

	2	3	4	5	6	7	8	9	10
11	12	13	14	15	16	17	18	19	20
21	22	23	24	25	26	27	28	29	30
31	32	33	34	35	36	37	38	39	40
41	42	43	44	45	46	47	48	49	50
51	52	53	54	55	56	57	58	59	60
61	62	63	64	65	66	67	68	69	70
71	72	73	74	75	76	77	78	79	80
81	82	83	84	85	86	87	88	89	90
91	92	93	94	95	96	97	98	99	100
101	102	103	104	105	106	107	108	109	110
111	112	113	114	115	116	117	118	119	120

質數
2　3　5

	2	3	4	5	6	7	8	9	10
11	12	13	14	15	16	17	18	19	20
21	22	23	24	25	26	27	28	29	30
31	32	33	34	35	36	37	38	39	40
41	42	43	44	45	46	47	48	49	50
51	52	53	54	55	56	57	58	59	60
61	62	63	64	65	66	67	68	69	70
71	72	73	74	75	76	77	78	79	80
81	82	83	84	85	86	87	88	89	90
91	92	93	94	95	96	97	98	99	100
101	102	103	104	105	106	107	108	109	110
111	112	113	114	115	116	117	118	119	120

質數

2	3	5	7
11	13	17	19
23	29	31	37
41	43	47	53
59	61	67	71
73	79	83	89
97	101	103	107
109	113		

1752-1833）在一七九八年猜測數字 x 以下的質數個數約為：

$$[x / \ln(x)]-1.08366$$

其中 ln(x) 為 x 的自然對數，當 x 增加時，誤差便越變越小。

而任何一個數 x 是質數的機率為：

$$1 / \ln(x)$$

舉例而言，這意謂著一個 1,000,000 左右的數為質數的機率是 1 / 13.8，因為 1,000,000 的自然對數是 13.8。

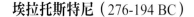

埃拉托斯特尼（276-194 BC）

埃拉托斯特尼生於利比亞，但是在埃及的亞歷山卓度過大半人生。他是阿基米德的朋友，負責管理亞歷山卓圖書館。大約在西元前二五〇年，他發明渾儀（armillary sphere），上面有交錯的金屬環，用於展示與預測星星的移動，作為天文儀器直到十八世紀為止。

埃拉托斯特尼也設計出一個測量經度和緯度的系統，繪出一幅涵蓋當時所知的全部世界範圍的地圖，並且第一次記錄了地球周長的計算。

多年後，作家尤西比烏斯（Eusebius of Caesarea, 西元 339-40 年左右去世）提及埃拉托斯特尼有另一貢獻：計算地球與太陽距離，與現今所接受的數值相較只有百分之一的誤差，尤西比烏斯認為這項功勞也屬於埃拉托斯特尼。

渾儀中心的球代表地球，包圍它的圓環代表其他天體的運行軌道。

孿生質數

　　孿生質數（Twin Primes）是間隔為 2 的兩個質數，例如 3 與 5、5 與 7、11 與 13 或 17 與 19。孿生質數理論推測孿生質數的個數無窮多，這看起來似乎很合理，但它尚未被證明是正確的。關於孿生質數也有另一個已被證明的「弱化版」推測，即任何小於 x 的孿生質數個數，大致可用以下這個複雜得嚇人的公式表示：

$$2 \prod_{p \geq 3} \frac{p(p-2)}{(p-1)^2} \int_2^x \frac{\mathrm{d}x}{(\log x)^2} = 1.320323632 \int_2^x \frac{\mathrm{d}x}{(\log x)^2}$$

　　不用擔心這個公式——能不能理解它並不重要，思考它為什麼會存在，是數字的什麼特性能導出這樣的公式，才是它有趣的地

哥德巴赫猜想

一七四二年，普魯士數學家哥德巴赫（Christian Goldbach）寫了一封信給瑞士數學家兼物理學家歐拉（Leonhard Euler），信中提到他相信任何大於 2 的整數都可以寫成三個質數之和，他認為 1 是質數，但這點已不再為數學家所接受，這個猜想被修改成現在的版本：每個大於 2 的偶數可以寫成二個質數之和。

哥德巴赫無法證明他的想法（這就是為什麼它是猜想而不是定理），也尚未有人可以證明。截至二〇〇七年四月為止，我們已經利用電腦核對到 10^{18} 內的所有數字皆符合此猜想，但仍然需要理論上的驗證。

哥德巴赫寫給歐拉的信件內容中沒有什麼寒喧閒談，但這就是數學家之間交流的方式。

方。1.320323632 稱為質數常數，除了被用來預測變生質數外，跟其他數學公式都沒有關聯。

完美數

完美數（Perfect Numbers）的數值等於其所有真因數（proper divisor）的總和，也就是指把所有能夠整除某數的數相加後，答案是某數本身的那些數，例如：

6 = 1 + 2 + 3

28 = 1 + 2 + 4 + 7 + 14

歐幾里得是第一個證明當

$2^n - 1$ 是質數時，代入公式 $2^{n-1}(2^n - 1)$ 就能得到一個完美數。目前已知的完美數有 47 個，其中最大值是有著 25,956,377 位數的 $2^{43,112,608} \times (2^{43,112,609} - 1)$。

親和數

親和數（Amicable Numbers）皆成對出

米哈列斯庫定理（Mih ilescu's Theorem）

一八四四年，比利時數學家卡塔蘭（Eugène Charles Catalan, 1814-94）猜測 $2^3=8$ 和 $3^2=9$ 是形成連續次方的唯一例子（亦即除了 8 和 9 之外，沒有兩個連續整數同時是冪〔次方數〕），這個猜想在二〇〇二年時由羅馬尼亞數學家米哈列斯庫（Preda Mih ilescu）證實。

現，指的是互為彼此的真因數和的兩個數，例如：220 和 284 是一對親和數，220 的真因數為 1、2、4、5、10、11、20、22、44、55 和 110，加起來得 284；284 的真因數為 1、2、4、71 和 142，加起來得 220。畢達哥拉斯學派（Pythagoras）的信徒大約從西元前五五〇年開始研究親和數，他們相信親和數必定擁有許多神祕的性質。

塔比・伊本・庫拉（Thabit ibn Qurrah, 836-901）是一名翻譯希臘數學文本的譯者，他發現了一個能找出親和數的方法，後來其他阿拉伯數學家繼續鑽研親和數，卡邁勒（Kamal al-Din Abu'l-Hasan Muhammad al-Farisi, c.1260-1320）發現 17,926 和 18,416 這對親和數，亞茲迪（Muhammad Baqir Yazdi）在十七世紀時發現 9,363,584 和 9,437,056 這對。

多邊形數

某些數量的小圓點、石頭、種子或其他物體能夠排列成正多邊形，例如六顆石頭可以排成完美的正三角形。

> 六本身是個完美的數，但不是因為上帝在六天內創造了所有的東西；確切來說，顛倒過來才是對的：上帝選擇在六天內創造所有東西，因為這個數是完美的。
> ——聖・奧古斯丁（*St Augustine, 354-430*），《上帝之城》（*The City of God*）

六因此被稱為三角形數。如果我們在最底部加上一列額外的石頭，可以得到下一個三角形數，也就是十：

九顆石頭可以排成一個正方形：

下一個正方形數在每一個邊有四個石頭，總和就是 $4^2 = 16$ 顆。

有些數，例如 36，既是三角形數也是正方形數：

多邊形數（Polygonal Numbers）隨著每一個邊長單位的增加而增加。

三角形數

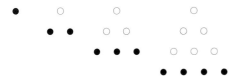

正方形數

多邊形數從畢達哥拉斯時代就已經開始研究了，並常用以作為建造避邪物的基礎。請注意前一個三角形數或正方形數的增加是如何形成數列的下一項。

三角形數	正方形數
1	1
3(=1+2)	4(=1+3)
6(=3+3)	9(=4+5)
10(=6+4)	16(=9+7)
15(=10+5)	25(=16+9)
21(=15+6)	36(=25+11)
28(=21+7)	49(=36+13)

幻方

幻方（Magic Squares）是指在正方形格子中每列、每行及對角線上的整數和都相等，其值稱為幻方常數。最小的幻方（排除

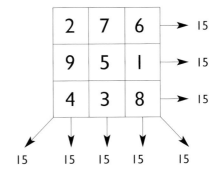

安東尼・高第（Antonio Gaudi）把幻方加入巴塞隆納聖家堂（Sagrada Familia）的裝飾中，此幻方常數為33，被認為是耶穌基督過世的年紀。

全部格子內只有 1 這個數字的幻方）每邊有三個正方形，且幻方常數為 15：

2	7	6	→ 15
9	5	1	→ 15
4	3	8	→ 15

15　15　15　15　15

這就是我們所熟知的洛書九宮格，源自記載於西元前六五〇年的中國傳說：一群村民試圖緩和洛水氾濫，此時一隻烏龜從水中出現，龜背上有著幻方的圖案，村民便學會利用此幻方控制了洛水。

幻方已有大約四千年的歷史，古埃及與印度都有記載，在世界上各文化中也被認為有特殊的魔力。目前所知第一個有著每邊五個與六個數的幻方，出現於阿拉伯的《純淨教友的百科全書》（*Rasail Ihkwan al-Safa*）一書，大約於九八三年在巴格達寫成，而最早在書中提及幻方的歐洲人是一三〇〇年時的希臘拜占庭學者莫修普勒斯（Manuel Moschopoulos）。

在一四九四年記載複試簿記（double-entry book-keeping）系統的義大利數學家帕喬利也研究幻方，他編纂關於數學猜謎和幻方的書籍，這些資料一直放在波隆那大學的檔案館中未被發現，直到二〇〇八年才出版。

圓周率 π

有些數字能形成數列或模式，也有一些單一的數字意義特殊。第一個被發現的就是圓周率 π，圓周率的定義是圓周長與直徑的比值，所以，圓周長就是：

$$\pi d$$

其中 d 是圓的直徑。圓周率 π 的值在小數點後有無窮多位數字，開始於 3.14159（就大部分的計算目的而言，這個近似值已經很夠用了）。

圓周長對圓直徑的比值是固定的，此一事實人們很久以前就已經知道，因此源頭無法考證。大約在西元前一六五〇年，埃及的《阿美斯紙草書》（*Ahmes Papyus*）使用 $4 \times (8/9)^2 = 3.16$ 的值代表圓周率 π，《聖經》中所羅門（Soloman）寺廟之建造與裝飾的測量，使用 3 來代表圓周率 π，時約西元前九五〇年。

第一個根據理論計算圓周率 π 的人可能是阿基米德，他得到的近似值是：

$$\frac{223}{71} < \pi < \frac{22}{7}$$

他知道他並未得到確切的數值，但是他的上下邊界值的平均是 3.1418，誤差值大約為 0.0002。後來的數學家發現了圓周率值中小數點後更多位數，使近似值更為準確。

e

另一個奇怪並具有特殊意義的數字是 e，雅各‧伯努利（Jakob Bernoulli）是最早發現的人，他在計算複利時試圖解開這個式子：

$$\lim_{n \ge \infty} \left(1 + \frac{1}{n}\right)^n$$

計算完成後，這個公式就成為 e 的定義。

這個常數最早使用於一六九〇和一六九一年萊布尼茲寫給惠更斯（Christiaan Huygens）的信中，當時用 b 來表示此常數。歐拉在一七二七年成為第一個使用字母 e 來表示的人，一七三六年 e 的使用首次出現

於出版品中，他用 e 來表示可能是因為 e 是「指數」（exponential）的第一個字母。

e 在小數點後有無窮多位數字，一如它被定義為無窮級數的和（見第 39 頁）。

不是真實的！

虛數 i 被定義為 -1 的平方根。

虛數（imaginary number）一詞出自法國笛卡兒（René Descartes），這個詞起初帶有貶意，但現在的意思是 -1 的平方根：

$$i^2 = -1$$

（一個負數不可能有「真正的」平方根，因為不論原本是正數或負數，平方後都會得到正數。）複數 z 被定義為：

$$z = x + iy$$

其中 x 和 y 是實數。

十六世紀時，虛數和複數在卡當諾（Gerolamo Cardano）與塔爾塔利亞（Niccolo Tartaglia）研究一元三次方程式的根數時第一次出現，但他們並沒有多加研究，也不認為虛數和複數有實際的用處。一五七二年邦貝利（Rafael Bombelli）在他的著作中首次介紹虛數與複數。

當時連負數的存在都遭到懷疑，所以虛數根本沒有被討論的空間。直到十八世紀，人們才開始較認真看待虛數，一八三二年得到數學家高斯（Carl Friedrich Gauss）的注意。

奇怪的是，這些特殊數都可以被放在一起，這被稱作數學界最驚人的公式：

$$e^{\pi i} + 1 = 0$$

此公式稱為「歐拉恆等式」（Euler's identity），是一個同時牽涉到複數和三角函數的特殊公式。

希臘數學家畢達哥拉斯在地上畫直角三角形來解釋他的定理。

不能說的數字

　　對數字下達禁令這件事聽起來也許很怪，但是已經發生了幾千年，且至今仍有此事。有些數被認為太難或太危險以致無法得到贊同，而被統治者或數學家放逐，但是，一個被禁的數不可能真正離開，它只是暫時潛入地下而已。

> 關於無理數為真數或假數確實有爭論。在研究幾何圖形的過程中，有理數離棄我們，無理數各就各位並準確地呈現了有理數所不能呈現的事……我們因此被迫相信它們是正確的。
>
> ——德國數學家邁克爾•斯迪菲爾
> （ *Michael Stifel, 1487-1567* ）

畢達哥拉斯數的淨化

　　古代希臘數學家畢達哥拉斯不認同無理數，而且在他的學校對負數下禁令。（無理數指的是無法以分數表示的數，所以 0.75 是有理數，因為它等於 3/4，但是圓周率 π 就是無理數。）畢達哥拉斯應該要知道這項禁令會引起許多問題，他的定理讓我們能從直角三角形的兩邊長算出第三邊長，但假設只承認有理數，就會立刻出問題，因為當直角三角形的兩邊長為 1，其斜邊長便會是無理數 $\sqrt{2} \fallingdotseq 1.414$。

　　畢達哥拉斯無法以邏輯方法證明無理數不存在，但是，當希帕索斯（Hippasus of Metapontum, 約生於西元前五世紀）證明出 $\sqrt{2}$ 是無理數，並且與畢達哥拉斯辯駁無理數的存在時，據說他因此被淹死，為畢達哥拉斯所害。根據傳說，希帕索斯在船上展示他的發現，這個不明智之舉讓畢達哥拉斯將他拋出船外。

　　畢達哥拉斯對無理數的禁令是基於他的美學與哲學觀點。後來，基於政治、經濟和社會等等各種理由，後人也設法將某些數字或某些類型的數字宣布為不合法。

阿拉伯人 v.s. 羅馬人

　　中世紀時期，歐洲對印度－阿拉伯數碼的傳入相當抗拒，但是此一新的數字系統能讓算術變得更容易，這使印度－阿拉伯數碼具有吸引力。印度－阿拉伯數碼使計算變得大眾化，但因為有一部分人希望繼續把持數字計算的使用，以作為精英分子的特別工具，因此使得這套數字系統被妖魔化。如果數學知識變得普及，權力的來源就會喪失，天主教會想藉由對數字的掌控來左右教育，並基於宗教立場反對從伊斯蘭世界來的數字

系統，在當時，以算盤來研究數學的數學家是受到教會保護的。反對印度－阿拉伯數碼普及化的聲浪是如此強烈，謠傳當時使用它們的人甚至被當成異教徒燒死在火刑柱上，然而，商人與會計師都想要使用這個新的數字系統，因為那會使他們工作起來更方便，那些以印度－阿拉伯數碼來作運算的演算家（algorist）與那些使用算盤和羅馬數字的算盤家（abacist）交戰了好幾世紀，直到歐洲印刷術的出現，使宗教的管控力量再也無法阻攔算術方法的傳播。

想當然爾，最終數字系統的革命獲得勝利，但是在某些地區，羅馬數碼和算盤仍持續使用了許多年。

法國最早脫離算盤的宰制，一七八九年法國大革命後，兩套數字系統的命運完全翻轉，算盤被禁止在學校與政府機構使用。

圖中的算術女神反對算盤，贊成印度－阿拉伯數字。此圖出現於一五〇三年格雷戈爾·賴斯（Gregorius Reisch）所著的《瑪格麗塔哲學》（Margarita Philosophica）。

零的祕密

當印度－阿拉伯數字系統在歐洲被禁時，「零」（zero）的名稱以 cifra, chifre, tziphra 等代替，用以代表整個包含零的數字系統。由於印度－阿拉伯系統只能祕密使用，這些名稱也借用來表示密碼或祕密之意，並因此發展成現在的 cipher（密碼）一字。

666：獸名數目

許多宗教非常依賴數字象徵符號（number symbolism），並使用特殊的數字方法來解開或藏匿祕密。早期的基督教，羅馬人使用「太陽的幻方」（the Magic Square of the Sun）當作護身符，此幻方是在 6×6 的正方形中將 1 到 36 的數字排放進去，使得每一列、每一行與對角線相加都是 111，且全部的數字總和為 666。教會禁止人們使用這個數字，因為 666 代表獸名數目（the Number of the Beast），在《啟示錄》（the Book of Revelation）中被視為上帝的敵人，使用此幻方者會被處以死刑。

666代表基督徒的末日，但是在中國文化中它被認為是幸運數字。

向負數說不

文藝復興時期歐洲不認可負數，數學問題的解答如果包含負數通常會被忽略，雖然早期的中國和印度數學家已經用負債的概念來解釋負數的用途，但歐洲的數學家們依然繼續陷於「該不該接納負數」的掙扎中，例如邁克爾·斯迪菲爾（見第54頁）把小於零的數稱為「荒謬的數」（absurd numbers）。法國數學家阿爾伯特·紀拉德（Albert Girard, 1595-1632）可能是第一個完全接受解答中有負數的西方學者，但直到十九世紀早期才出現負數的運算基本原則。

一九八九年六月四日，數千人在天安門廣場被殺害。在中國，使用這個日期的數字當作身分認證碼或密碼是不合法的。

危險的數字

666 不是唯一被妖魔化的數字，在中國，使用天安門事件的日期（8964，一九八九年六月四日）當作密碼、身分認證碼或以任何其他可能連結到此事件的形式出現，都是違法的（以自然數列為順序數數時除外）。

在美國，有個十六進位數（有 32 位數）取得「不合法數字」的身分，它是將高解析度的 DVD 加密的關鍵，因此就技術層面而言，將它公布是違法的（因為藉由適當的裝置，它能用來破解加密的 DVD）。先進存取控制系統（Advanced Access Content System, AACS）宣稱，這個數字屬於版權欺詐設備，而擁有版權欺詐設備違反了美國於一九九八年通過的〈數位千禧年著作權法案〉（Digital Millennium Copyright Act），然而，在它被揭露的瞬間，這個「祕密」數字便在 300,000 個網站上公開，試圖從公開領域將它移除顯然徒勞無功。

AACS 也宣稱他們有許多用於加密的數字的所有權，但是不肯說出是哪些數字（這些數字之所以有用就是因為它們是祕密）。這些「特別數」的特別之處在於它們一點都不特別，因為它們是亂數產生的。但想也知道，對數字有「所有權」並禁止他人知道或使用，這件事本身能引來多少反抗，許多電腦狂熱者因此爭先恐後宣布自己所擁有的號碼，並不准其他人使用，以此來報復並嘲笑 AACS。

繼續前進

檢查數字及其性質是很有趣的，對古希臘人來說（他們鄙視數學的應用），有趣就夠了。但是，對大多數人而言，數學的價值主要在於它的實用性，數字使我們可以測量、計算、製造事物、管理經濟狀況與研究天地萬物，事實上，它們是所有科學和藝術的鑰匙，並且在文明世界中扮演關鍵角色。

數字支配並定義了世界經濟，也影響我們的所有活動。

第三章

事物的形狀

　　不是所有東西都可以一個一個數。我們可以數一群牛的數量，甚至一片牧場裡有多少牧草的葉片（理論上）；但是，有些東西不能數只能測量，比方說，我們無法數出池塘裡有多少水，也無法數出山與海之間的距離。然而，如果我們可以量化這些東西，將對真實世界大有幫助。

　　在真實世界中測量距離、面積與體積的幾何學（Geometry），源自古希臘語的「大地」（geo）與「測量」（metron），堪稱是數學最早的應用之一。

　　世界上最早出現的幾何計算可能與興蓋紀念碑、劃定土地或是製作與宗教相關的手工製品等等有關。而在進行計算之前，首要之務是發展測量的單位，這是從數數進步到測量的過程中，最重要的概念性突破。測量，以人為區分的方式，將連續、不可數的東西畫分為名義上可數的測量單位。

淘金潮的收穫是以秤重計量的金子，而非一枚一枚可數的硬幣。

測量每件事物

當一個社會的人們開始圈地或擁有土地，交易的商品或建築結構變得複雜時，如何測量就變得非常重要。每個文明都需要測量距離、面積、體積以及時間的能力，即使像小麥穀粒這一類可數的東西，用體積測量遠比直接記數來得方便。然而，測量單位的發展並不統一，目前英美仍混用著各種測量單位，這些單位源自於古巴比倫、埃及和羅馬帝國，而後還受到斯堪地納維亞、塞爾特族（Celtic）、日耳曼以及阿拉伯的影響。

一臂之長

從古中國到哥倫布時代前的美洲文明以來，早期的測量系統大多以身體部位、常見物體的大小（像是小麥穀粒）作為基本單位。美國人（或老一輩的英國人）仍使用「呎」（feet，原文字義為「腳」）做為測量短距離的單位；粒（grain，原文字義為「穀粒」）也仍是一種重量單位（相當一顆大麥穀粒的重量，千年以來不曾變過）；黃金和寶石的測量單位「克拉」（carat）源自阿拉

英國啤酒花田的記帳員：採收工人的薪水視採收量有多少蒲式耳（bushel, 體積單位）來支付，並以半根記帳符木棒當作收據。

伯珠寶商用來秤貴重金屬與寶石重量的角豆樹（carob）種子，每一顆角豆樹種子幾乎是等重，因此很適合用來測量珍貴物品。

埃及人所使用的腕尺（cubit）是一種長度單位，相當於手肘到指尖的距離，舊約聖經中諾亞（Noah）便用腕尺作為測量方舟的單位。腕尺之下還可再分出其他單位，也都跟身體部位有關：

1　腕尺＝28 指寬

4　指寬＝1 掌寬

5　指寬＝1 手寬

12 指寬＝1 小跨步

走在時代的前端

第一個重量和測量標準系統出自印度河流域的居民，他們還能夠精確測量距離、質量和時間。他們在測量時最小可以量到 1.7 毫米，是青銅器時期以來最好的表現。

14 指寬＝1 大跨步

但是，人體各部位的形狀與尺寸因人而異，一個人的「手寬」可能是另一個人的「掌寬」，為了避免類似的紛爭，我們需要標準化的測量單位。埃及發展出「腕尺測量木條」，所有木條都必須與黑色花崗岩製成的國家標準規格等長，長度相當於524釐米（20.62吋）。這個系統成功統一了長度單位！位於吉薩（Giza）的大金字塔（the Great Pyramid）以邊長為440腕尺的正方形為基底，每一個邊的誤差不超過百分之0.05，也就是說，在230.5米中誤差值僅115釐米！

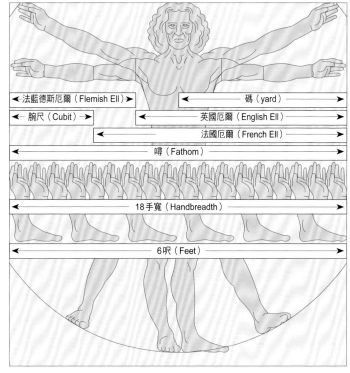

許多歷史上曾有過的單位出現在這張達文西的《維特魯威人》（*Vitruvian Man*）複製品中。

羅馬人的腳

羅馬人將一呎再切割為十二吋（儘管當時「呎」的長度略有出入，大約是現在的11.65吋或296釐米，這顯然是羅馬人故意安排的，但從未有人詳細解釋過原因），他們也用掌寬為單位，相當於四分之一呎，更長的距離則以弗隆（furlong，或稱stade）、里格（league）或哩（mile）為測量單位，一弗隆是八分之一哩，而一哩等於5,000呎，一里格等於7,500呎。這些羅馬人所發展出的長度單位，以及重量單位——磅（pound）與盎司（ounce）——在歐洲大陸被廣為採用，幾百年後更擴及全世界。

大呎與小呎

羅馬帝國崩解後的幾個世紀，測量單位繼續在歐洲發展與擴散，但卻沒有統一的標準。有時則是根據所測量的物品而定，像是一加侖（gallon）的葡萄酒體積是231

定義水壺的高度

中國的重量及測量單位有別西方與中東地區而獨立發展。這個系統的獨特之處在於它揉合了聽覺要素作為測量標準，測量酒和穀糧體積的標準器皿是根據承重量、形狀以及敲打時所發出的聲調來定義。如果兩個器皿具有相同形狀、質地、重量，而且在敲打時發出相同聲音，則表示兩個器皿的內容物體積相當。舉例而言，在中文裡，「鍾」可以用來表示酒器、測量稻穀的單位以及鍾聲（通「鐘」）。

當中國與其他世界地區貿易增加時就必須進行單位公制化，但是舊的重量與測量系統在中國國內許多地區仍然持續使用。

立方吋，但是一加侖的麥芽啤酒卻是 282 立方吋（前者即所謂的「安妮女王加侖」〔Queen Anne gallon〕，目前仍是美國的標準加侖值，英國則於一八二四年重新定義了加侖）。

標準化的過程緩慢，是在各國紛紛立法後才漸漸有了進展。英國重新定義測量單位後，舊的英制系統卻在美國存留了下來，導致今日美國的習慣與英制單位不一致。

重量單位與貨幣單位

許多世紀以來，「pound」在英國既是重量單位（磅）也是貨幣單位（鎊），此情況並非巧合，當時的貨幣由貴重金屬製成，

重量與測量單位的統一是恆久且具有普遍性的，我們將其用於衡量事物的本質與物理結構，以及人類的道德程度。度量衡的統一是如此的重要，如果這世界上有誰的力量與意志能強到僅用一道法規便足以使這一切發生，此人即為度量衡統一的最大受益者。

——約翰・昆西・亞當斯（John Quincy Adams），
美國國務卿，一八二一

羅馬人引進鎊，鎊因此被改為十進位制，但也許某天就得讓位給歐元。

它們的重量很重要，因為重量就代表幣值。

希伯來人所使用的錫克爾（shekel）可能是最早的貨幣和重量的單位，羅馬人則採用磅（鎊），而後這個單位在歐洲使用了兩千年。西元一二六六年，亨利三世（Henry III）校準重量單位：一便士（penny）等於32顆小麥穀粒重，二十便士等於一盎司，

十二盎司等於一磅，八磅等於一加侖葡萄酒的重量。而在貨幣單位方面，舊制規定十二便士等於一先令、二十先令等於一鎊；新制將十二與二十互換，儘管換算方法略有不同，但兩百四十便士都還是等於一鎊，至此英國建立了貨幣系統（即 sterling）與重量系統（即 avoirdupois）的測量單位。儘管現在已經不再使用先令，貨幣系統也修改了，但是羅馬時代遺留下來的鎊與便士，仍然存在於英國金融系統中。

「所有的人，所有的時間」

全球科學界現在所使用的 SI 單位（Système international d'Unités，國際單位制）有七個標準公制單位：公克（gram）、

差點就錯過

一六六八年，主教約翰・威爾金斯（John Wilkins）——英國皇家學院（Royal Society）的創立者——提出一套公制系統，該系統與後來法國所使用的相同。在一本討論世界通用語之可能性的書中，他提出一套基於十進位制的整合性測量系統，與現今的公制系統幾乎相同，他的長度測量單位為 997 釐米，幾乎就是一公尺，而他的體積測量單位等於一公升。威爾金斯所提出的系統從未被發揚光大，且幾乎無人理會，直到二〇〇七年才由澳洲研究員帕特・諾丁（Pat Naughtin）重新發現。

星級評等或「如獾一樣瘋狂」?

數字能夠用來當作衡量品質的方式,例如用星級數來評定飯店,便是眾所皆知的一個例子。在英格蘭南部的一些地方,獾的等級(badger rating)是當地特有的系統,用以評定古怪程度。許多網站會邀請使用者用數字評定使用偏好與經驗,而在科學界,也有一個完整的學科用來評估這樣的評等系統是否有效。

公尺(metre)、絕對溫度(Kelvin)、安培(ampere)、燭光(candela)、莫耳(mole)、秒(second),這套公制系統最早建立於十八世紀的法國,其實早在一六七〇年,身兼牧師與數學家加布里埃爾‧莫頓(Gabriel Mouton)就指出必須建立一個更簡單、統一並標準化的測量系統,但這套公制系統直到一百二十年後才問世。

在一七九〇年,塔列蘭(Charles-Maurice de Talleyrand)重提此事,而法國科學院建議組織一支遠征團隊,調查從北極途經巴黎到赤道的距離。第一階段任務是測量從法國北部的敦克爾克(Dunkirk)到西班牙的巴塞隆納(Barcelona)的經線長度。然而在路易十六(King Louis XVI)批准此案的隔天,他就被法國大革命的領導者監

路易十六批准了遠征隊的行程,但自己卻在五個月後被送上斷頭台。

度量衡的時間軸

約西元前三〇〇〇年
埃及人為他們的基本長度單位「腕尺」訂定標準。

約西元八〇〇年
神聖羅馬帝國皇帝查理曼(Charlemagne,在位期間 768-814)嘗試規範度量衡。

西元一二一五年
英國國家標準度量衡獲得約翰國王(King John,在位期間 1199-1216)的批准,被載入大憲章(Magna Carta)之中。

西元一三五二年
英格蘭的愛德華三世建立 1 石(stone)等於 14 磅的規則,今日仍然沿用著。

西元一五八八年
新標準由英國女皇伊莉莎白一世頒布(在位期間 1558-1603)。

約西元前二二〇年
第一個中國皇帝秦始皇(在位期間西元前 221-/210)將所有重量與測量單位標準化,甚至車軸長度都有精確的標準。

西元九六〇年
第一位全英格蘭的國王埃德加(King Edgar,在位期間 957-975)宣布全國的度量衡必須與倫敦的規定一致。

西元一二六六年
亨利三世修訂英國貨幣中金錢與重量的關係,使 1 便士等於 32 顆小麥穀粒重量,而 240 便士等於 1 鎊。

西元一四九六年
新的度量衡標準在英格蘭頒布。

地球與天體運行
圖，源自塞拉里烏
斯（*Cellarius*）的
《和諧大宇宙地
圖集》（*Harmonia
Macrocosmica
Atlas*）。

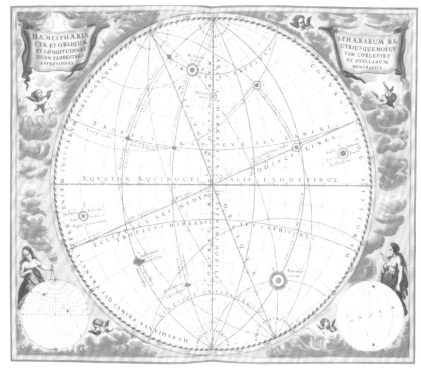

西元一六七〇年
加布里埃爾・莫頓
在法國提出度量衡
的公制系統。

西元一七九〇年
喬治・華盛頓（*George
Washington*）對國會的
第一份咨文表明「統一
貨幣與度量衡」的必要
性；國會保留英國的度
量衡系統。

西元一八二四年
英國重新定義度量
衡，第一次在建立標
準過程中把稱重與測
量的條件納入考慮。

西元一八七八年
英國重新定義
「碼」（*yard*）。

西元一六六八年
約翰・威金斯在英
格蘭提出如今眾所
皆知的度量衡公制
系統。

西元一七〇七年
從愛德華一世（在位期
間 *1272-1307*）開始便
定義「*1* 加侖的酒為 *231*
立方英寸」，但一七〇
七年的法案（*the act of
1707*）修改了數值。

西元一七九九年
公制系統的標準
在法國巴黎制定。

西元一八六六年
公制法案（*the
Metric Act*）使公
制系統在美國法
律上得到認同。

西元一九六〇年
在法國巴黎舉行的第十一
次度量衡大會（*General
Conference on Weights and
Measures*）制定了新的國
際單位制（*International
System of Units ／ SI*）。

禁，因此遠征隊又拖了一年始得動身，但出發後也遭遇重重困難，受到法國與西班牙戰事的妨礙，花了六年才完成旅行。在一七九九年，公制系統正式建立，同時加入了兩個新的測量單位，目的在於讓這套系統的使用更為普遍、持久。

公尺被定義為「從北極到赤道子午線長度的千萬分之一」，公克為「在攝氏四度時，一立方公分純水的質量」（水在此溫度時的密度最大），而被稱為「檔案局公斤」（Kilogram of the Archives）的鉑柱體，其質量成為公斤（1,000 公克）的制定標準。

現在的公斤標準以鉑銥合金製成，保留在巴黎附近的塞弗爾（Sèvres）。公斤是目前唯一用實物來定義的基本單位，一直以來，科學家也未曾放棄尋找更好的方式來定義公斤。

愚蠢的數字？

1,760 碼為 1 哩；16 盎司等於 1 磅；160 平方桿（square rods）是一英畝……這些一直是英國學童生活中的夢魘。公制系統確實看起來較簡單，因為是基於十的倍數而制定的，不同測量單位間的數量有清楚的關係。但是，國際單位制還是有一些異於尋常的數字定義方式：1 公尺的定義為光線在真空中走 1 ／ 299,792,458 秒的距離；而 1 秒是銫 -133 的基態在原子能階變換時振盪 9,192,631,770 次的時間。

在一七九三年，1 公尺被定義為從北極到赤道的 1/10,000,000 的距離，現在則用光速來定義公尺。

巨石陣

史前時期的巨石陣（Stonehenge）位於英格蘭威爾特郡（Wiltshire），靠近薩里斯伯里（Salisbury），是一群環狀排列的巨石與溝槽，溝槽可能原本用來固定木樁或其他石頭。這個歷史遺址的修建歷經三個階段，前後歷時約一千年（從西元前三千年至西元前兩千年間）。這個遺跡包括一系列巨大的立石，有些立石上還有橫臥的石樑。這些遺跡顯示當時的人處理空間中

的圓的能力與對圓弧的認知，如果復原場景，這些石樑便可排成一個真正的圓，並非只是一個個的直立石塊。當時的建築者所能使用的工具只有鹿角製的十字鎬與石製榔頭，然而他們卻已經能計算並測量出部分的圓與距離。在夏至那天，巨石陣的東北軸會對齊日出的光線位置，這暗示著當時已發展出某種曆法。

巨石陣幾乎與埃及金字塔一樣古老，雖然規模比較小，但它也是根據對幾何學和太陽運動的深入了解來建造的。

早期的幾何學

幾何學處理距離與角度，也處理直線、面積與體積問題。早期，最簡單的幾何學只處理平面上的直線與線性形狀，但後來延伸至三維空間中的曲線，甚至更多維的曲面空間，幫助我們說明宇宙的構造。因應幾何學的發展，建築學、天文學、光學、透視學、地圖學、彈道學等學問也相繼出現。

圖案與對稱：幾何學的本質

幾何學的發展早於數字書寫系統，遠古人類留下許多證據，證明他們對重複模式、對稱與形狀的興趣，他們利用幾何模式裝飾他們的用品、建築物與住所，有些可以追溯到西元前

一些古早時期的物品，其上有對稱的圖案裝飾。

兩萬五千年。這些精確建造或排列的結構體，也進一步證明我們的祖先已掌握一些簡單的幾何學知識。

土地問題

早在有文字記載以前，先民就已經解決了許多興蓋建築物時必須處理的幾何問題。蘇美人、巴比倫人和埃及人對於計算平面圖形與立體物體的長度、面積、體積等問題，已經非常熟練。根據史料記

希羅多德被稱為「歷史學之父」。

古埃及發展數學的驅動力之一，是為解決尼羅河的年年氾濫。

載，在西元前三一〇〇年左右，埃及人和巴比倫人就已經有一套數學規則，用於測量容器、丈量土地或是興建建築；而建於西元前二六五〇年的吉薩大金字塔，也顯示埃及人對幾何學有一定程度的掌握。

希臘歷史學家希羅多德（Herodotus, 484-425BC）曾經提道，因為每年尼羅河的定期氾濫後，原有畫分土地所有權範圍的界線會消失，因此促使埃及人發展出精確的土地丈量能力。他們利用基準點與土地丈量的技術以恢復界線。埃及的幾何學家也被稱為「拉繩索的人」（rope-stretcher），因為他們利用繩索測量或標定距離和形狀；相同的技術也用在：為建築物畫定地基，或在氾濫後重新畫定土地產權。

奇怪的幾何學

秘魯納斯卡沙漠（Nazca Desert）中有巨大的幾何圖案，從天空俯瞰能將這些大地畫分析成一個個像字的圖案，是西元前二〇〇年到西元六〇〇年間納斯卡文化的產物，共有 70 個個別圖案，從簡單的幾何線條到極有特色的動物、植物與樹皆有。雖然圖像的意義仍未明，但可以得知這個文化具備相當進步的幾何學能力與技術，可惜我們對它所知有限。

納斯卡沙漠異常乾燥的氣候有助於保存兩千多年前畫於大地上的巨大幾何圖案。

寫下來

目前已知最早的數學史料是埃及的阿美斯紙草書（Ahmes papyrus，有時稱為萊因德紙草書 Rhind papyrus）。大約在西元前一六五〇年，由阿美斯抄寫自一份更古老的數學文件，這份文件至少早於阿美斯紙草書兩百年，且很可能包含更古老的資料。阿美斯紙草書寫於莎草紙書卷上，寬 33 公分，長超過 5 公尺，上載 84 個數學問題，主題包含算術、代數、幾何，也有度量衡問題，有些問題相當具象且貼近現實生活，例如：「一塊圓形土地的直徑為 9 凱特（khet），面積為何？」同時期的莫斯科紙草書（Moscow papyrus）也記載類似問題，比方如何計算部分金字塔體積。

因為埃及的數學作品皆書寫於材質脆弱的莎草紙上，因此只有一小部分得以留存後

這塊以記載著幾何問題為特色的巴比倫泥板，已有四千年歷史。

世。生活在肥沃的底格里斯河和幼發拉底河流域的美索不達米亞人，則書寫於烘烤過的泥板上，較不易損壞，因此留存下來的泥板超過十萬塊。其中一塊載明直角三角形斜邊計算方式的泥板，可上溯至西元前一八〇〇年至西元前一六五〇年。這系列的泥板也記載計算矩形、三角形和圓面積的方法；也討論距離，例如，討論斜靠牆邊的梯子滑落時梯腳所移動的距離；泥板中也記載了 $\sqrt{2}$ 的近似值，且可準確到小數點後第五位。巴比倫的數字進位制比埃及的系統更適合各種類型的計算，不過，究竟是對數目的興趣推動更好的數字系統發展，還是較好的數字系統促進了對數目的興趣，實在很難判定。

異於埃及人，巴比倫人似乎已有普遍原則的概念：給定某些條件，某些數學敘述在任何情況下都成立。舉例而言，據泥板記載，巴比倫數學家已經導出正方形邊長與對角線的比，即 $1：\sqrt{2}$ ；也就是說，只要將任一個正方形的邊長乘上 $\sqrt{2}$ ，就能算出其對角線的長度。

然而，不管是埃及人或是巴比倫人，都不重視精準度，甚至有點不以為意；有時候他們可以算出精確的答案，但其他時候，他們使用近似的方法來算面積，卻從未提及計算結果並不精確。

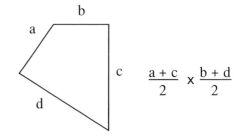

例如：當要計算這個四邊形的面積時，他們會選擇採用一個並不精確的公式來運算，只能得到粗略的結果。

數學家的誕生

埃及與巴比倫數學家幾乎只對特定的實際問題有興趣，稍晚的古希臘是第一個對純粹抽象問題感興趣的文明。西元前兩千年左右，古希臘人的祖先從北方進入希臘半島，至西元前八〇〇年，古希臘文明的勢力已不可忽視，他們遠行至埃及與美索不達米亞地

用韻文表現數學

最早呈現數學問題的印度著作是《祭壇建築法規》（Sulba sutras，舊譯為《繩法經》），這本梵文文獻記載有關祭壇的建造與方位的問題及解決辦法。這本佛經收集許多不同主題的箴言，以韻文的方式寫出並輔以散文評論與說明。起初這些箴言是以口頭傳遞，以詩體作為一種幫助記憶的方式。《祭壇建築法規》是印度最古老的文本，最早也許可以追溯到西元前八〇〇年。

區，進行貿易的同時也學習他們的文明。

過去從沒人提及希臘數學，直到西元前六世紀，希臘先後出現了幾位重要人物：來自米利都的泰利斯（Thales of Miletus, 624-546 BC）與畢達哥拉斯（Pythagoras, 580-500 BC）。西元前約五七五年，泰利斯將巴比倫數學傳入希臘，後人稱他為「第一位數學家」，因為他開始「提出定理並證明之」——儘管他是否真的做過這些事已不可考。我們對泰利斯的認識僅限於後世對他的傳頌，現在已無法考證他是否與這麼崇高的地位相稱。以他為名的數學定理——泰利斯定理（the Theorem of Thales）中記載「內接於半圓的任何角都是直角（90°）」，這個觀念一千年前的巴比倫人即已熟知，泰利斯很可能是在美索不達米亞學到的。可惜的是，泰利斯對於這個定理的證明（如果有的話）並未留傳下來。

在泰利斯死後九百年，普洛克拉斯（Proclus, 410-485 BC）將以下幾項基本的幾何定理歸功於他：

- 任何一直徑都能平分一個圓
- 等腰三角形的兩個底角相等

米利都的泰利斯（Thales of Miletus, 624-546BC）

泰利斯是古希臘七賢之一，年輕時可能在埃及求學，比較能確定的是他應有鑽研過數學與天文學。即使他曾有著作，也沒有任何一部留傳下來。

亞里斯多德曾提到泰利斯能藉由觀察天象預測豐收狀況，並買下所有米利都附近的橄欖榨油機以證明數學如何使他富有。第歐根尼‧拉爾修（Diogenes Laertius）則記述泰利斯能夠藉由測量金字塔的影子來計算金字塔高度，還有傳聞說他能利用他的幾何學知識測定船到岸邊的距離。泰利斯也將自己的數學能力用於軍事上，據說他能預測日蝕，使戰事和平解決，之後他建議克羅伊索斯國王（King Croesus）在上游挖掘河道讓河水分流以降低水流量，因此幫助國王的軍隊跨越了河流。

據稱泰利斯的宇宙觀是將地球視為一個漂浮在水中的巨大圓盤，諷刺的是，相傳泰利斯在觀看體育比賽時死於脫水。

● 兩相交直線的對角相等

● 若兩個三角形所對應的兩角與一邊都相等，則兩個三角形全等（即大小與形狀相同）

雖然後人稱泰利斯為第一位數學家，但「數學之父」的頭銜則是給了五十年後出現的畢達哥拉斯，他或許是最為人所熟知的希臘數學家，如果你沒有學過著名的畢氏定理，那你肯定無法通過學校的數學考試！畢氏定理指出在一個直角三角形中，斜邊長的平方等於另外兩邊長的平方和。

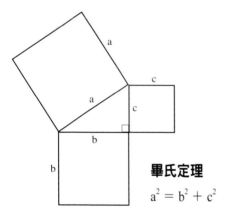

畢氏定理

$$a^2 = b^2 + c^2$$

十的完美理論

對希臘人而言，「10」是最完美的數字，他們稱之為「十的完美理論」（tetractys），而且 10 是三角形數、是 1 到 4 的總和，並且「在 10 之內（包含 10）」有相同個數的質數與非質數，希臘人因為這些原因而更崇敬它，菲洛勞斯（Philolaus，約西元前三九〇年去世）曾如此形容 10：「偉大、強勁、具有創造力，是神與人的起始與領導。」

然而，畢氏定理很可能不是由他本人所發現的，而是由畢氏學派的弟子們共同提出的。與泰利斯的情況相同，畢達哥拉斯並沒有任何著作留傳下來，我們只能從後世的描述與傳頌中，推敲畢氏的貢獻（因此畢氏定理也很可能是先前數學家的突破性貢獻）。

畢氏學派是一個神祕的兄弟會組織，他們共享研究的成果並禁止口傳於外，因此，現今不太可能去考據每一個貢獻該歸功於哪個特定的人。畢氏學派探究數字和數列的表現形態與性質，並深以此為樂，他們相信數字是所有事物的核心。在畢達哥拉斯過世後，畢氏學派仍持續運作許多年。

《九章算術》

中國最早的數學作品《九章算術》是在西元前一世紀出現的，好幾世紀以來，關於此書的評論接踵而至，其中最好的是西元二六三年劉徽的註釋。此文本證明出畢氏定理（獨立導出），並展示如何計算相關距離，例如在山坡上看到的塔樓高度、河口寬度、寺塔高度及溝壑深度，此書也處理梯形、圓形、弓形、圓柱、角錐體和球體等面積與體積。

畢達哥拉斯

畢達哥拉斯是來自希臘愛奧尼亞的數學家兼哲學家。西元前五三二年，畢達哥拉斯結束一趟中東的旅程，他搬到義大利南部以躲避家鄉薩摩斯（Samos）的暴政者。他最為人所知的貢獻是以他的名字命名的畢氏定理。

就像同時期的釋迦牟尼佛、老子與孔子，畢達哥拉斯在克羅托（Croton）開辦學校，成立了畢氏學派，這個帶有宗教與哲學色彩的組織不但影響了亞里斯多德與柏拉圖，而且對西方哲學的發展也有重要的貢獻。畢達哥拉斯及其弟子相信，世界上所有事物都與數學有關，而且所有事物都遵循規律的模式或周期，可以預測和測量。畢氏學派奉行素食主義，因為他們相信靈魂的輪迴，人死後靈魂可能投胎轉世為任何動物。奇怪的是，他們認為豆子擁有很特別的性質，因此他們不吃豆子，據說畢

PYTHAGORAS CLAR OLYMP. 64
Pythagoras samius laudatae silentia fertur
Pythagore uera est numquit imago tdeet

達哥拉斯之所以被一群憤怒的暴民殺害，便是因為他不願穿越豆子田以逃過他們的追擊。

古典希臘的黃金時代

西元前五世紀，介於波斯戰爭（Persian war）與伯羅奔尼薩戰爭（Peloponnesian war）之間的時代，雅典見證了人類歷史上最蓬勃發展的學術時代，可惜並沒有任何數學著作留傳下來，我們只能藉由一些拼湊而成的記述，得知一些當代偉大的數學家所提出的問題，但即使如此，我們仍然可以充分推論，他們對數學的追求純粹是

> 所有我們知道的事物都包含數字，因為倘若沒有數字，我們便無法想像或了解任何事。
>
> ——菲洛勞斯（Philolaus），西元前四世紀

古希臘人早就已經知道地球是一個在太空中移動的球體，並且相信數學是了解宇宙的關鍵之鑰。

為了數學本身、為了求知的樂趣。希臘人相信數學是幫助我們了解大自然如何運作的工具，許多觀念皆源自於此時期的希臘，像是他們認為宇宙是一個和諧的體系，其運作遵循著某些科學定律，而非未知的神祕力量、或是他們已知地球是太空中不斷運動的球體、以及數學證明的概念。希臘數學家將下述兩者做了區分：一是日常生活中的

上帝就像是位非常專業的幾何學家。
——湯馬斯‧布朗（*Thomas Browne*）爵士，
《一個醫師的宗教信仰》（*Religio Medici*），
一六三六

實用算術（他們的記載沒能留存下來）；二是更高層次的數學與邏輯思考。後者影響了許多人，他們將那些寶貴的知識遺產記錄下來，因而得以留傳後世。

三大問題

古希臘數學有三大古典幾何難題：化圓為方、任意角三等分、倍立方，且只能以尺規作圖方式解答。數學家為了這三大難題苦惱了兩千兩百年，最後證明出，僅用圓規與無刻度的直尺是不可能得到答案的。

化圓為方的問題最初由安那克薩哥拉斯（Anaxagoras, 500-428 B.C.）所研究，他是位自然哲學家，著有第一本科學暢銷書《論自然》（*On Nature*）（在雅典，一枚古希臘銀幣〔drachma〕可買到複印本）。安那克薩哥拉斯因為拒絕承認太陽是神而被監

安那克薩哥拉斯（*Anaxagoras, 500-428 BC*）因為否認太陽是神而鋃鐺入獄。

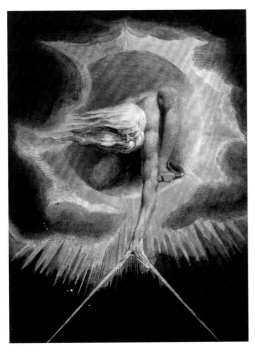

在《創造天地》（*The Ancient of Days*）畫中，詩人兼畫家威廉・布雷克（*William Blake*）將上帝描繪為宇宙的建築師，用幾何工具創造地球。

止。於是人民將每邊都增長一倍，想當然爾，其體積增加了八倍（23）而非兩倍。太陽神十分不滿意，瘟疫繼續肆虐，將近四分之一的人民喪生。希臘工匠怎麼想也想不出辦法達成太陽神的要求，只好轉而向哲學家柏拉圖尋求幫助，柏拉圖告訴他們，神諭其實在責備一直以來忽視數學與幾何學的希臘人。關於倍立方問題的起源還有另一個版本：克里特國王（King of Crete）米諾斯（Minos）下令興蓋陵墓，為他因掉落至蜂蜜缸溺死的男嬰格勞科斯（Glaucus）下葬，米諾斯認為原本的陵墓太小，決定將它加倍。印度的《吠陀經》（Vedic scriptures）記載：「在同一個地方舉行第二次祭祀時，方形祭壇的體積必須是第一次的兩倍。」希臘人也許就是發想自此經。

禁，他堅稱太陽是顆又大又紅又熱的石頭，比整個希臘半島與島群都還要大，且月亮會發光是因為反射太陽光。獄中，安那克薩哥拉斯全心研究「化圓為方」的問題，即：對於任意一圓，如何用尺規畫出一個等面積的正方形。

　　相傳，倍立方問題的出現與雅典大瘟疫的蔓延有關（西元前四三〇年），根據埃拉托斯特尼的記載，人民前往德洛斯（Delos）請示神的旨意，太陽神阿波羅指示：他們必須將神殿裡的祭壇加大一倍，瘟疫才會停

雅典的瘟疫被麥可・史偉爾斯（*Michael Sweerts, 1618-64*）描繪得太不符實情了。

> 如果只是制式地行進，豈不是會讓我們因此錯過了認識幾何學的最好方式而抱憾終身？
>
> ——柏拉圖

德國數學家高斯表示，僅使用無刻度的直尺與圓規是不可能做出倍立方的；一八三七年皮耶・萬澤爾（Pierre Wantzel）證明了高斯的說法是對的。

相較之下，任意角三等分的問題就比較不吸引人，缺乏有趣的歷史神話與之連結，其來源可能是埃及。夜間，埃及人藉由等分星星間的夾角，來分辨時間。這個問題很單純，即：在只用尺規作圖的條件下，將任意角度三等分。當時，希臘人已經知道某些角（例如直角）可以被三等分，也知道一些機械方法能將任意角三等分，實務上似乎已不需要這個問題的解答，但基於對純數學與理論方法的渴望，他們仍持續研究著這個問題。

幾何學支配全宇宙

希臘數學家不願承認無理數的存在（無理數不能表達為兩個整數的比），但如果討論的對象僅限於整數或是有理數，那麼幾何學便無法解釋每件事了，就拿邊長為 1 的正方形為例好了，顯而易見地，它的對角線長就是個無理數（$\sqrt{2}$），單單這點就足以摧毀畢氏學派的核心信念。再者，伊利亞學派

阿基里斯和烏龜

為了論證單位的荒謬性（無論多小），芝諾提出一個阿基里斯（Achilles）與烏龜比賽的故事：烏龜先起跑，但雖然阿基里斯可以跑得飛快，卻永遠追不上烏龜，因為當阿基里斯追趕了從起跑點到烏龜的一半距離的同時，烏龜繼續前進，當阿基里斯繼續跑了剩下距離的一半時，烏龜仍然繼續前進——即使兩者的差距越來越小，阿基里斯卻還是無法靠近烏龜，如此持續下去，阿基里斯永遠追不上烏龜。（編按：另一個版本是阿基里斯追趕了從起跑點到烏龜的起點的距離〔而非一半〕等。）

的芝諾（Zeno the Eleatic, 450 BC）提出的悖論讓事態更加嚴重：他認為無論將測量單位切割成多小的區段，我們仍然無法完整表達「連續統（continuum）」的概念。換句話說，即使是一個包含無窮小區間的數列，仍然無法表達連續的狀態，只是一種人為逼近。

　　這兩大難題——無理數的存在與無窮小單位的分割——迫使希臘數學的根本假設產生了轉變。在畢達哥拉斯時代，數字被視為點，通常比喻為小卵石（希臘文中稱小卵石為 calculi，即 calculation〔計算〕一字的由來）；但是，到了兩百年後的歐幾里得時代，數量轉以線段表示；在這個時期，原子論者不再否定事物的連續性，對於組成宇宙的基本元素的看法也有所改觀，不再從離散數字系統的角度討論，轉而聚焦在幾何學的測量上；打個比方，對當時的希臘人而言，無理數 $\sqrt{2}$ 雖然無法以數字表達，但將它表達為幾何圖形裡的線段，卻很容易。

德謨克利特和無窮小

化學家兼哲學家德謨克利特（Democritus, 460-370BC）提出每件事物都是由各式各樣無窮小的微粒所組成，在空無一物的空間中移動，他認為我們的世界與其他世界的產生是因為微粒凝結成不同結構，使物質在某種程度上相似和相異（這個想法留基伯〔Leucippus〕已提過）。將這個想法延伸至幾何圖形，則方錐可以想成由一疊無限薄的正方形堆疊而成，從底部最大的正方形一直疊至頂點的無限小正方形，因為每一層都是無限薄，所以，每一個正方形的大小與鄰近的正方形幾乎是一樣的——但當然不可能這樣，否則方錐將會變成正方體。

將面積或體積分割成無限多的薄片是積分學的基本原則，但是，德謨克利特沒有將他的看法推進到積分的概念，因為他無法認同切片可以有不同大小。安提豐（Antiphon）和歐多克索斯（Eudoxus）成功地運用他的想法，之後的阿基米德也藉此導出窮舉法來計算圖形的面積。

怪異的哲學家組合：微笑的德謨克利特和哭泣的赫拉克利特（*Heraclitus*）。

全部兜在一塊兒

事實上，四世紀以前的希臘並沒有任何的數學著作留存下來，但我們可沒因此而佚失這個時代的成就，這都是拜歐幾里得所賜。西元前約三百年，這個幾乎是歷史上最著名的數學家集其大成，蒐集、記錄了古代幾何學的精華，並加以擴充延伸，編纂進他的著作《幾何原本》（*Elements*）中。這個時期，希臘人已經發現許多基本的曲線，諸如橢圓、拋物線、雙曲線等等，也已知以窮舉法（method of exhaustion）計算積分，以及如何計算圓錐和球的體積。雖然柏拉圖本身不是數學家，但他在雅典的學院是數學世界的發展中心，也使得這個學科逐漸分為純數學和應用數學兩個分支。

歐幾里得的《幾何原本》介紹古代希臘的數學發展，還有他們的邏輯推導方法。歐幾里得提出了五個公設、五個公理，並以推導出的數百個定理或證明為例，說明邏輯推導的原則，這些原則歷經好幾世紀仍適用。

雖然《幾何原本》以平面幾何、二維圖形聞名，但它也談及數論、代數與立體幾何。由於歐幾里得將這本書定位為基本的數學教科書，書中對簡單的算術無所著墨（因為對預設讀者群而言太過簡單），也不涉及日後阿波羅尼奧斯（Apollonius）研究的曲線圖形和圓錐曲線（因為超過讀者所需）。

歐幾里得的理論基礎奠基於這五個基本公設：

1. 任意兩點可用一直線相連。

2. 任意線段可延伸成一直線。

3. 給定一個中心與任意半徑就可以畫出一個圓。

4. 所有的直角都全等。

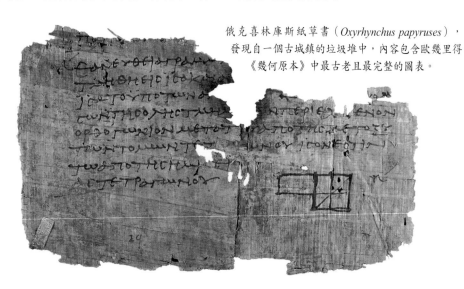

俄克喜林庫斯紙草書（*Oxyrhynchus papyruses*），發現自一個古城鎮的垃圾堆中，內容包含歐幾里得《幾何原本》中最古老且最完整的圖表。

5. 平面上，若兩直線與第三條直線（截線）相交，且截線一邊的同側內角和小於兩個直角，則兩直線延長後，必相交於該側的一點。

最後一個公設又稱為「平行公設」，它不像前四個公設「不證自明」（self-evident）且「自我充分」（self-sufficient）。柏拉圖認為公設應該具備簡單、不證自明的性質，也就是說，不需要證明，人人皆可一眼看出其必然成立。雖然前四個公設符合上述條件，但第五個卻有爭議，歐幾里得在世時，也對此事心知肚明。然而，直到十九世紀才有人明確指出，最後一項公設無法由前四條推導而出。

此外，歐幾里得還提出五個與幾何學較少嚴格相關的公理（編按：根據亞里斯多德，這些公理適用於所有演繹科學）：

1. 兩個與同一個物件相等的物件，彼此相等。

2. 若相等的物件加上等量，則其總量仍會相等。

3. 若相等的物件減去等量，其餘量仍會相等。

4. 相互重合的物件，彼此相等。

亞歷山卓的歐幾里得

歐幾里得是在托勒密一世統治時期的希臘數學家，居住在埃及亞歷山卓的，通常被尊稱為「幾何學之父」。他最廣為流傳的著作《幾何原本》是數學史上最成功的教科書，被使用超過兩千年。歐幾里得的其他著作也討論透視圖法、圓錐曲線和球面幾何。

歐幾里得將著作寫在紙莎草的卷軸上，這些卷軸已經腐朽了，所以他的作品僅有複印本留存後世。現存歐幾里得《幾何原本》最古老的譯本為寫於西元八八八年的一份拜占庭手稿，它與我們相距的時間比它與歐幾里得相距的時間更近！因此，我們無法確定現在我們所看到的《幾何原本》是否就是歐幾里得最初自己寫出的版本，或是有被後來的學者改寫過。

---

5. 整體大於局部。

歐幾里得的作品完成於希臘時代之末，當時亞歷山大大帝與亞里斯多德剛過世。亞歷山大帝國崩解後，雅典失去優勢，不再是學術中心，知識分子轉而聚集在埃及的亞歷山卓，歐幾里得也不例外。亞歷山卓原本是埃及首都，但自從西元前三十一年，埃及豔后克麗奧佩脫拉（Cleopatra）的軍隊於亞克提（Actium）一役中戰敗後，羅馬人便統治了亞歷山卓。因此，第一個因歐幾里得的著作而受益的就是羅馬人，但是，當時數學並未受到羅馬學者的高度重視，在教學上也只關心數學的實際應用，比方說，建築師必須學幾何學、計算、承重等相關知識，商人則

建於西元七〇至八〇年左右，古羅馬競技場是座橢圓形露天劇場，是羅馬建築與工程的傑作。

必須學習算術，但除此之外，沒有人願意研究純數學本身，繼續擴展這一領域的知識。

西羅馬帝國滅亡後，由奧多亞克（Odoacer）所領導的日耳曼民族橫掃現今的義大利地區，歐洲的數學發展自此沉寂了一段很長的時間，我們轉而關注其他地區（諸如印度與隨後興起的中東地區）在幾何學以及其他數學領域的發展。

亞歷山卓的海帕迪亞

海帕迪亞（Hypatia, 370-415）是亞歷山卓的賽翁（Theon）的女兒。賽翁是位有名的數學家與哲學家（所有現存的歐幾里得《幾何原本》複印本版本都源自於他），而海帕迪亞是新柏拉圖主義者，曾講授新柏拉圖主義哲學與數學相關主題，她是最早的重要女數學家，可惜的是她的數學著作無一留傳下來，但她對其他數學家的評論可能保存在一些現存的註解裡。她在西元四一五年被一位基督教暴民謀殺，此舉是由亞歷山卓的主教所煽動，目的是消滅異教徒的學術成就，位於亞歷山卓的圖書館也同時遭到摧毀。

三角學

　　三角學是數學的一個分支，研究的對象是角（度）——特別是與直角三角形有關的角（度）。以往三角學只被視為幾何學的一部分，直到十六世紀，才被認為是一個獨立的數學領域。

　　任何多邊形都可以先拆成數個三角形再進行分析，因為三角學讓數學家有能力處理所有由直線圍出的面積或表面。平面三角學能處理同一平面上的面積、角度和距離等問題，球面三角學則處理三維空間中有關角度與距離的問題。

三角形變成金字塔

　　古埃及人對三角學已經有一定程度的認識，從金字塔的建造就足以證明。阿美斯紙草書內載一則與「seked」有關的數學問題——利用金字塔的底與高算出斜率。「seked」就是斜率的概念，只不過此處是以現代所使用的「梯度」的倒數來表示斜率。

　　然而埃及人對三角形的研究並不嚴謹，就像其他數學領域一樣，比起從純數學的角度研究三角學，他們對三角學的實際應用更感興趣。相同地，古印度數學家也對三角學有所涉獵，像是《祭壇建築法規》（*Sulba sutras*，舊譯為《繩法經》）裡一些對祭壇的描述，就記載了 $\pi/4$（45°）的正弦（sine）值為 $1/\sqrt{2}$。但一直到希臘數學家出現後，三角學才開始更全面地發展。

我們仍然使用垂直距離與水平距離的比值當作坡度，不過我們使用的比值為埃及人使用的比值倒數。

任何多邊形都可以切割成好幾個三角形，因此，如果利用三角學，面積的計算就變得容易許多。

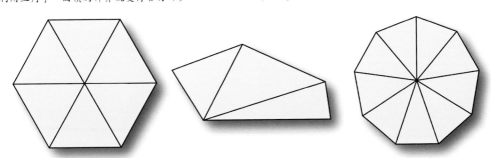

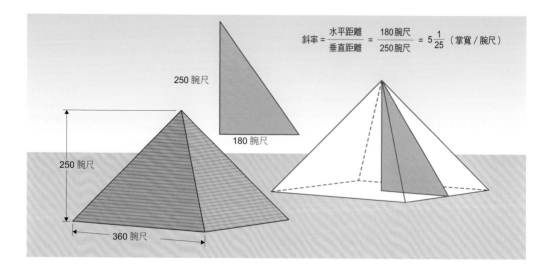

斜率 = $\dfrac{\text{水平距離}}{\text{垂直距離}}$ = $\dfrac{180 \text{ 腕尺}}{250 \text{ 腕尺}}$ = $5\dfrac{1}{25}$（掌寬 / 腕尺）

250 腕尺

180 腕尺

250 腕尺

360 腕尺

旋轉 360°

希臘人將直線和圓視為幾何學的基礎，並由此發展出三角學。一個圓有 360 度（360°）、一度等於 60 分（60'），這些觀念源自於希臘數學，似乎在希巴克斯（Hipparchus of Bithynia, 190-120 BC）的時代就已經在使用，可能引申自巴比倫人的

黃道十二宮時鐘：巴比倫人將黃道帶分區成十二宮或三十六個旬星，反映出一年的週期循環大約是 360 天。

埃及人計算金字塔的斜率時，會想像建築內有一個直角三角形。

天文學知識，他們將黃道帶分成十二宮或三十六顆旬星（decan，每顆旬星管轄黃道十度），一年的週期循環大約是 360 天。巴比倫人所使用的分數系統優於埃及與希臘，托勒密（Claudius Ptolemy, 90-168）便依循他們的六十進位系統，將一度細分成六十分（minute），一分細分成六十秒（second）。

球面與平面上的三角學

平面三角形顧名思義是在平面上的三角形；而球面三角形則是由球面上三個相交的大圓（great circle）圓所截成的三個弧組成（編按：大圓是通過球心的平面與球面相交

埃及亞歷山卓的墨涅拉俄斯
（*Menelaus*）的著作，是最早提到
球面三角形的。

的圓弧），或是由三個
切穿球體的截面形成。

　　最早定義球面三
角形的是埃及人——
亞歷山卓的墨涅拉俄斯
（Menelaus of Alexandria），
他訂定出球面三角形的法則，其
貢獻相當於歐幾里得對平面三角學領域的貢
獻。球面三角形的概念在天文學與製圖學上
非常重要。

　　平面三角形的內角和是 180°，而球面
三角形的內角和則總是超過 180°，除此之
外還有其他根本上的差異。一直以來，球面
三角學的研究總是脫離不了天文學，直到大

約一二五〇年時，阿爾・圖西
（Nasir al-Din al-Tusi, 1207-
74）率先找出六種球面直
角三角形，並且他是第
一個把三角學當作獨立
學科的人，並促成球面
三角學後來的發展。

三角形的興起

　　希巴克斯是第一位製作三角
函數表的人，他的興趣是在夜空這個虛構球
面上「畫」出虛構的三角形，將天體連起來，
如此一來，他便能計算並預測行星的位置。
希巴克斯認為每一個三角形內接於圓內，並
發展出一套以弦計算角的系統，他藉由畫出
不同大小的角度編製出關於弦的圖表，與現
在所知的正弦、餘弦概念有關。

三角函數

有六個三角函數能夠讓我們以直角三角形
的兩邊長計算出一角的數值，或以一邊與
一角算出另一邊的長度。

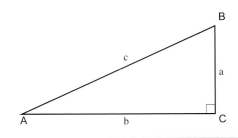

$$\sin A = \frac{a}{c} = \frac{對邊}{斜邊}$$

$$\cos A = \frac{b}{c} = \frac{鄰邊}{斜邊}$$

$$\tan A = \frac{a}{b} = \frac{對邊}{鄰邊}$$

$$\cot A = \frac{b}{a} = \frac{鄰邊}{對邊}$$

$$\sec A = \frac{c}{b} = \frac{斜邊}{鄰邊}$$

$$\csc A = \frac{c}{a} = \frac{斜邊}{對邊}$$

在希臘天文學家托勒密的著作《天文學大成》（*Almagest*）中，他延伸希巴克斯的研究，導出更好的三角函數值表，也簡單定義了反正弦（arcsine）與反餘弦（arccosine）。

托勒密的弦表假設圓的半徑長為 60 單位，並以此為基礎，以 0.5° 為間隔，從圓心角 0° 開始一直編到 180°，且精確到 1／3600 單位。這個作法相當於以 0.25° 為間隔，從圓心角 0° 開始編到 90° 的正弦函數表。為了發展出天體繞地球運轉的模型，托勒密以歐幾里得的公設為核心，努力鑽研平面三角形。

托勒密的生活與工作都在亞歷山卓，生平事蹟並沒有保存下來，他的祖先甚至有可能是希臘人。他最早關於三角學的作品在中

希巴克斯（Hipparchus）在他位於亞歷山卓的天文台觀測星星，人們將星盤與渾天儀的發明歸功於他。

世紀歐洲廣為流傳，而且被使用好幾世紀。他的天體運行模型也原封不動保存了下來，直到波蘭天文學家哥白尼（Mikolaj Kopernik〔Copernicus〕，1473-1543）主張太陽才是天體運行的中心。

正弦的時代

在希臘人之後，印度和阿拉伯數學家繼續研究三角學。阿拉伯學者翻譯並承繼希臘前輩的研究成果，很快便超越了希臘人的成就；印度數學家大部分的研究則是民族內的

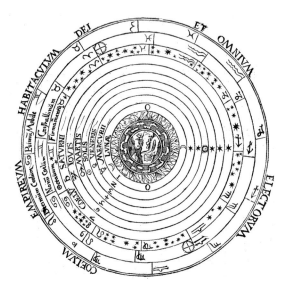

以地球為中心的宇宙圖（*1539*），亞里斯多德的四元素被行星與上帝居所環繞。

三角形和水流

斯里蘭卡的阿努拉德普勒（Anuradhapura）城的僧伽羅人（Sinhalese）便將三角學應用在計算水流的梯度上。這項成就在古代的亞洲文明中是數一數二的，為了使乾燥的土地能夠耕種並提供水源給廣大的城市，僧伽羅人建造了一個高度成熟的灌溉系統，其中包含地面與地下的水道、貯水池和池塘。

如今在阿努拉德普勒，手動式馬達取代了這項已使用一九○○年的複雜灌溉系統。

傳承，它們的數學成就獨立於埃及和巴比倫的研究之外。

印度數學家最早研究出現在所知的正弦。在四世紀初或五世紀末時，一本作者不明的印度天文學專著《蘇雅西德漢塔》（*Surya Siddhanta*，意為「來自太陽的知識」）中，記載著從 3.75°到 90°之間，每隔 3.75°的正弦函數值。這本書的年代已不可考，但它宣稱是在西元前 2,163,101 年從太陽神直接流傳下來的，現存譯本也許可以追溯到西元四○○年。阿耶波多（Aryabhata I, 475-550）所著的《阿耶波多曆算書》（*Aryabhatiya*）總結了六世紀前半葉的印度數學，其中包含正弦函數值表，

婆羅摩笈多也在西元六二八年發表所有角的正弦函數值表。

最早的正切函數與餘切函數值表，是在大約西元八六○年由波斯天文學家阿爾・馬瓦茲（Ahmad ibn 'Abdullah Habash al-Hasib al-Marwazi）所建立。敘利

測量地球

埃拉托斯特尼（Eratosthenes, 276-194B.C.）注意到當夏至時，賽印（Syene, 今阿斯旺 Aswan）中午的太陽會在頭頂正上方，同時刻在西北方 800 公里之外的亞歷山卓，太陽的位置角度為 7 度。他假設太陽光必定平行射向地球，因為太陽的距離遙遠。利用三角學與兩個城市間的已知距離，他算出地球的周長。他的計算精確度如何無法估算，因為我們無法確定他所使用的測量單位。

阿爾・巴塔尼的著作進入歐洲，而且阿爾・巴塔尼可能是獨自發現正弦的，與阿耶波多的著作無關。

波斯數學家和天文學家阿爾・布查尼（Abu al-Wafa al-Buzjani, 940-998）主要的研究內容都是三角學，但是他的大部分作品皆已佚失。他引入正切函數而且改良了三角函數表的計算方法，還發現球面三角學的正弦定理：

$$\frac{\sin(A)}{\sin(a)} = \frac{\sin(B)}{\sin(b)} = \frac{\sin(C)}{\sin(c)}$$

為了表彰他對月球運行的大規模研究，月球上有個火山口就是以他命名。

阿拉伯數學家繼續精製三角函數表，

正弦計算

正弦函數是直角三角形中對邊與斜邊的比。為了計算正弦函數，畫一個半徑為 1 的圓，在其中畫上所需要的三角形，像這樣：

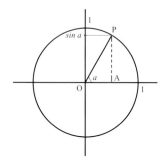

斜邊長 OP 是圓的半徑，距離為 1；P 點的 y 坐標就是角 a 的正弦值（AP/1）。我們將這樣的圓稱為單位圓（因為半徑為 1），習慣用它來導出所有的三角函數。

亞天文學家阿爾・巴塔尼（Abu ʼabd Allah Muhammad Ibn Jabir Ibn Sinan al-Battani al-Harrani as-Sabiʼ, 858-929）則藉由影子長度的變化算出太陽上升的高度（這就是日晷運作的原理），他的「影子圖表」是一張非常有用的餘切函數表，上頭記載了從 1° 開始到 90° 之間每度的數值，他也算出地軸傾斜角度為 23° 35ʼ。正弦函數的概念隨著

阿爾・巴塔尼計算出地軸傾斜角度為 23 度 35 分，他也估計出一個太陽年大約為 365 天 5 小時 46 分 24 秒。

阿爾・圖西的學生阿爾・許拉茲是第一個用科學方法解釋彩虹的人。

以應用於天文學領域。直到十三世紀，阿爾・圖西才在位於馬拉給（Maragheh）的觀測所將三角學獨立出來，成為一門個別的學科。其一初期發展是有關彩虹的數學解釋，由阿爾・圖西的學生阿爾・許拉茲（Qutb al-Din al-Shirazi, 1236-1311）所完成。烏魯伯格（Ulugh Beg）是蒙古帝國統治者帖木兒（Timur）的孫子，十五世紀早期時在撒馬爾罕（Samarkand）建造天文台，並且以圓弧上的每一角分（1／60°）為單位編製正弦函數和正切函數表，精確到五角秒（1／3600°），是那個時代的數學界最偉大的成就。

找到方向

阿拉伯在幾何學與土地測量學上進步神速，是為了研究出一個從任何地點都可以找到麥加（Mecca）方向的方法。如此一來，

虔誠的穆斯林才可依《可蘭經》的要求，面向聖地禱告。阿拉伯幾何學家採用球極射影，將球面映射成平面圖像，這種作法最早由阿波羅尼奧斯（Apollonius）和托勒密採用的。

九世紀時，阿拉伯人將古希臘時期設計出的星盤加以改良，這個星盤中有數個同心圓的金屬環，太陽、月球、星星與行星的位置蝕刻於上，只須移動金屬環就能代替冗長乏味的計算，並且還可以用於天文學、計時、土地測量、航海與三角測量。

自十一世紀起，結合希臘與阿拉伯學術

伊斯蘭教教徒每天需要朝著聖地麥加禱告好幾次，這個信仰習慣促進了大地測量的發展。

心血的三角學被傳入歐洲，
許多阿拉伯著作
被翻譯成拉丁文，
星盤大受歐洲人歡
迎，而且直到十八世紀
的六分儀出現之前，
星盤都是航海的基本
配備。

六分儀徹底改變了航海技術，使船員
能藉由追蹤地平線上的太陽運行來標
記船的位置。

數的傳統方法，將
三角形從圓形中解
放出來，直接用直
角三角形的邊長比來
定義三角函數。他編纂
每個三角函數的詳細數值
表，並力　求精確，可惜在完成之前他就
過世了（之後由他的學生接手完成）。

這些發展剛好比三角學來得早一些，
其後幾何學轉而和代數學（algebra）連結
起來，並慢慢發展出代數幾何學（algebraic

進入現代世界

　　雖然中世紀歐洲學者翻譯了許多阿拉
伯與希臘的三角學與幾何學作品，但是，
他們自己本身並沒有什麼研究進展。直到
文藝復興時期，歐洲的科學與數學研究有
了大突破，三角學的發展也才往前跨進了
一步。約翰‧穆勒（Johannes Müller von
Königsberg, 1436-74），又名雷喬蒙塔努斯
（Regiomontanus）是第一位以全書篇幅論
述三角學的作者。該書書名為《論各種形式
的三角形》（*On Triangles of Every Kind*），
出版於一五三三年，書裡包含所有計算平面
三角形與球面三角形的必備公式，極具啟發
性和影響力，這本書也幫助偉大的波蘭天文
學家哥白尼成就他「日心說」的新模型假
設。哥白尼在研究時也曾得到普魯士數學家
芮提克斯（Georg Rheticus, 1514-76）的幫
助，芮提克斯在他的著作中研究得比雷格蒙
塔努斯更深入，他屏棄以圓弧來計算三角函

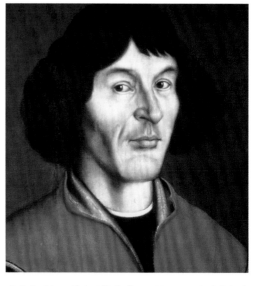

在十六世紀，哥白尼提出「日心說」，認為地球與其
他行星繞行太陽運轉，這個觀點徹底顛覆當時人類的
認知。

致命的三角形

伽利略（Galileo Galilei, 1564-1642）發現拋體運動遵行拋物線路徑，而且能拆解成垂直和水平方向的運動，這個理論促成計算大砲與其他火炮武器最大發射距離的公式：

$$\frac{V_0^2 \sin 2A}{g}$$

在不考慮空氣阻力的前提下，其中 g 是重力加速度，約為 9.81m/s^2，V_0 是指砲彈離開砲口或子彈離開槍口的速度，而 A 是仰角角度，當 A = 45° 時，發射的距離最遠。

宗教法庭迫使伽利略撤回他地球繞行太陽運轉的主張。

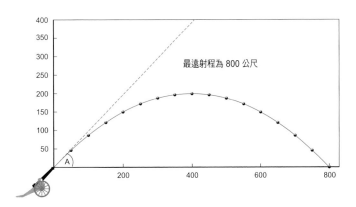

最遠射程為 800 公尺

geometry，編按：即解析幾何）。因為這個根本上的改變，三角學變得更具理論性，雖然一開始三角學是從真實世界的形狀發展出來的，如今卻逐漸脫離真實世界，之後甚至捲入虛數與複數的世界裡。

然而，同一時間，三角學的實際應用也在不斷成長，精準時鐘的發明、更好的航海技術與火炮，以及新光學儀器的應用與天文學的進步，都需要應用三角學，三角學也幫助它們往新的方向發展。

繼續前進

在數學史上，三角形與圓形的連結無可避免，而隨著伽利略對拋射運動的研究，拋物線也與之相繫。圓、曲線及幾何形狀旋轉而產生的旋轉體，使幾何學從平面的研究提升為對空間的研究。因為圓和曲線，我們也開始進一步思考「無限」，無限曾是數學家的夢魘，但有了無限的概念，我們才終能將幾何學從三度空間中解放，並使其跳躍至我們所能想像的任何維度的空間中。

第四章

圓圓不絕

　　我們身處的這個世界推動了數學的發展。例如，地球本身便是一個球體，而天空看起來是一個在我們頭上倒懸的碗，這些現象使曲線、圓、球體從古代時期開始就是幾何學的核心。宇宙的這些特點，考驗著我們如何根據我們的經驗建立合適的模型去解釋、描述我們所處的世界：我們如何在平面上畫出我們所見到的三度空間？我們如何將球體的地球繪製到平面的圖表上？若能解決這些問題將會讓我們對維度與幾何的理論有進一步的了解。雖然歐幾里得所建構起的幾何學（簡稱為「歐式幾何學」）兩千年來皆為大家所熟悉並接受，但有時候，宇宙萬物不見得會符合這些理論。為了解決這些問題而生的新模型，為數學家開啟了一條激勵人心而成果豐碩的大道。

在真實世界中，兩條平行線看起來好像會相交。

曲線、圓和圓錐曲線

　　圓是所有三角學的根本，因為圓的定義是以一定點為心，繞著它完整旋轉一圈所得出的圖形。三角形和圓一起搭建出天文幾何學的基礎，科學家藉由在蒼穹圓頂上畫上想像的三角形來探究天文學問題，而伽利略的拋體運動模型為三角學帶來新的曲線，並將三角函數與圓錐曲線（圓錐的截面）連結起來。事實上，從最早的幾何學開始，三角形和曲線的關係就密不可分，三角函數表最初是以圓的直徑與弦來定義圓中的三角形，角度則是測量自圓形旋轉的量，從希巴克斯時代開始，圓的角度就被定義成 360°。

神奇的值：π

　　從很早開始，圓就被賦予了宗教性與神秘性，因為圓是個完美的形狀，沒有邊（也可以說是有無限多邊）、無端點的線，且在自然界中隨處可見。人們在幾千年前便已知曉圓形周長與直徑的比是固定的值，也因此這個值有著特殊的重要性，我們將這個比值以希臘字母 π（pi）表示。π 這個符號在一七三七年因瑞士數學家歐拉而流行起來，但一七〇六年時，威廉・瓊斯（William Jones）是第一個使用它的人。圓周率是一個無理數，在小數點後有無限多位數（請見下一頁的表格）。

艾薩克・牛頓爵士被公認為是最偉大的數學家之一，他計算圓周率至小數點後第十六位。

π 的計算

　　早在巴比倫時代人們就以 3.125 當作圓周率的近似值，他們是利用圓內接六邊形來測量或計算出這個數值的。（編按：無法確定作者引自何處。不過，如果巴比倫人果真使用圓內接正六邊形去近似圓周，則最可能的圓周率近似值應為 3。）

　　阿美斯紙草書則記載埃及人以 256 / 81（大約為 3.16049）為圓周率。

　　中國漢代的《九章算術》中教導讀者如何算出圓面積：將直徑平方後，除以 4 再乘上 3，所以中國漢代使用 3 作為圓周率。

阿基米德發展出較成熟的方法來計算圓周率，他以圓內接多邊形和圓外切多邊形來定義圓周率的上下界，藉由增加多邊形的邊數得到更精確的上下界近似值。他最後選定96邊形，得出圓周率的近似值界於 $223/71$ 和 $22/7$ 之間，平均值為 3.1418。阿基米德也發現這個值可以用於計算圓面積，只要將圓周率的值乘上半徑的平方即可（πr^2）。（編按：不過，阿基米德知道這只是近似公式。他的圓面積公式為 $1/2 \times$ 周長 $\times$ 半徑。）

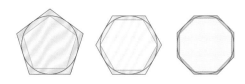

中國、印度與阿拉伯數學家都算出更精確的圓周率近似值，例如西元二六三年時，

劉徽利用 3,072 邊形，得到的數值為 3.1416，但他的方法還是無法超越阿基米德所用的方法。直到十七世紀末才發展出更好的計算方法，英國數學家牛頓（Isaac Newton）利用二項式定理算出圓周率至小數點後第十六位。

今日，利用電腦算出的圓周率值已經超過 1012 位數，光是個人電腦就有許多可以算出超過十億位數圓周率的程式，但一般實際用途其實完全不需要這麼精確的程度，如果地球的周長以半徑計算，且圓周率的值精確到小數點後第十位，那麼其結果便已準確到誤差在五分之一釐米以內。

化圓為方

化圓為方問題雖然是因安那克薩哥拉斯才聲名大噪，但比他更早期的數學家也曾

人物	地點	時間	圓周率 π 的近似值
阿美斯	埃及	大約西元前 1650 年	$256/81$ (3.16049)
阿基米德	希臘	大約西元前 250 年	$223/71 < \pi < 22/7$ (3.1418)
張衡	中國	西元 130 年	3.1622 ($\sqrt{10}$)
托勒密	希臘	大約西元 150 年	3.1416
劉徽	中國	西元 263 年	$3,927/1,250$ (3.1416)
祖沖之	中國	西元 480 年	$355/113$ (3.14159292)
阿耶波多	印度	西元 499 年	$62,832/20,000$ (3.1416)
阿爾·花拉子米	伊朗	大約西元 800 年	3.1416
費布那西	義大利	西元 1220 年	3.141818
阿爾·卡西（al-Kashi）	伊朗	大約西元 1430 年	3.14159265358979
韋達	法國	西元 1593 年	3.1415926536
范羅門（Adriaan van Roomen）	比利時	西元 1593 年	3.141592653589793
科伊倫（Ludolph Van Ceulen）	德國	西元 1596 年	3.14159265358979323846264338327950289

為此問題困擾。《阿美斯紙草書》中提供了一個方法使正方形的面積幾乎與圓面積相同：將圓直徑的 8/9 視為正方形的邊長。但事實上這是計算圓面積的方法，並未能解出化圓為方這個古典問題（但我們就是從這個方法推論出埃及人算出的圓周率近似值為 3.16049 的。）

我們已經知道希臘人曾尋求化圓為方的幾何解法，可惜未能成功，之後的數學家也努力試過，但全都失敗。利用直尺與圓規來化圓為方，成為十八世紀歐洲數學家們全神貫注的問題，這導致了巴黎的法國科學院（Académie des Sciences）在一七七五年時通過一個決議案，決定科學院將不再接受任何解法的提案，隨後不久，倫敦的皇家學院也做出相同的決議，因為錯誤的解法排山倒海而至，一些數學家甚至嘗試改變 π 的值以捏造出解決辦法。

當林德曼（Carl Louis Ferdinand von Lindemann, 1852-1939）在一八八二年證明出圓周率 π 是超越數（transcendental number，指不為任何有理係數方程式的根的數）時，也同時說明了化圓為方是不可能的，因為不可能僅利用直尺與圓規來做出超越數。

圓錐曲線

圓並非唯一的曲線，雖然圓和圓弧是最早被研究與使用的曲線，但還有其他三個規律的曲線也引起早期幾何學家的注意，即拋物線、雙曲線和橢圓。這三種曲線都可以透過與圓錐相切而得到，因此被稱為「圓錐曲線」。

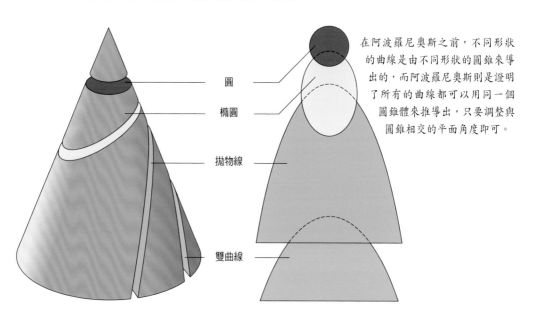

在阿波羅尼奧斯之前，不同形狀的曲線是由不同形狀的圓錐來導出的，而阿波羅尼奧斯則是證明了所有的曲線都可以用同一個圓錐體來推導出，只要調整與圓錐相交的平面角度即可。

圓

橢圓

拋物線

雙曲線

越來越有用

阿波羅尼奧斯為他的理論感到自豪，因為圓錐曲線本身就極有價值，不需為其他領域作嫁，他曾說道：「它們值得為世人所接受，因為它們自己就可以證明自己。」他的研究成果在當時幾乎沒有被應用在實際面，但是後人陸續發現它們在許多科學領域都有所用途。他對雙曲線的研究得出與波以耳定律（Boyle's law）相等的結果（波以耳定律用以定義氣體活動），而阿波羅尼奧斯的橢圓切線研究（雖然當時他還不知道「橢圓」這個術語），是我們了解天體運動與開始計畫太空旅行的基礎。

在阿波羅尼奧斯離世的兩千多年後，太空旅行成為從他的曲線研究延伸出的實際應用之一。

最早的重要圓錐曲線著作是由阿波羅尼奧斯（Apollonius of Perga, 約 262-190 BC）所撰，他是亞歷山卓的幾何學家暨天文學家，還被譽為「最偉大的幾何學家」。雖然阿波羅尼奧斯還有其他作品，卻只有關於圓錐曲線的著作留傳後世。著作中最開頭的幾個概念是建立在先賢的智慧基礎上，但其後對圓錐曲線的見解都是原創的。阿波羅尼奧斯的著作完全取代在他之前所有關於圓錐曲線的論述，就像歐幾里得的著作取代了所有希臘前輩對幾何學的論述那般。阿波羅尼奧斯在其著作中，描述他命名及定義曲線的方式，並試著找出從曲線上一個（或一個以上）給定的點和曲線之間的最短與最長直線

距離，在此研究中，他利用笛卡兒坐標系中的二次方程式來定義曲線，為後代數學家奠定完整根基。一千八百年後，笛卡兒利用阿波羅尼奧斯關於定線與動點的延拓理論，來檢驗他的解析幾何學（analytic geometry）。

阿拉伯與文藝復興時期的數學家也都要感謝阿波羅尼奧斯的貢獻，雖然許多阿拉伯數學家也研究圓錐曲線，以期找出計算區域面積與圖形體積的方法，但直到歐瑪爾·海亞姆（Omar Khayyam）出現之後，他們的研究才被帶往新的方向。海亞姆使用圓錐曲線來找出一元三次方程式的一般幾何解，就某種程度而言，他比笛卡兒更早就把幾何學與代數學整合在一塊兒（但他仍期望後繼者能找出圓錐曲線的代數解）。文藝復興時

位於伊斯坦堡（前君士坦丁堡）的聖索菲亞大教堂（Hagia Sophia），有著令人讚嘆的內部裝飾：祭壇是由白日透進來的陽光所照亮。

期，歐洲重新發現了阿波羅尼奧斯的著作，奠定了光學、天文學、地圖製作和其他實用科學進展的基礎。

從光學開始

阿波羅尼奧斯曾在佚失的作品當中談論到拋物鏡面，並論證出球體內部的反射光線並不會反射到球心。光學研究接著成為圓錐曲線應用與發展的主要領域，而且可以應用在令人意想不到的事物上。例如在大約西元前兩百年，戴奧克利（Diocles）論述光線的幾何性質時表示，若一束光線平行入射旋

轉拋物面（由拋物線旋轉而成的立體圖形）的軸，其反射光線會與拋物鏡的焦點相交，據說阿基米德便是利用這種光線性質使從海上來的敵人上不了岸。橢圓的焦點性質則被用於君士坦丁堡的聖索菲亞大教堂（Hagia Sophia Cathedral），以確保在白天的每個時段，祭壇都會被日光照亮。一些阿拉伯科學家曾研究以圓錐曲線原理製成的鏡子性質，阿爾‧海賽姆（Ibn al-Haytham）發現透過凸面鏡的某一點，觀察者便能看到遠處一定點的物體，他也設計了適合日晷的曲線。

相同的性質還能應用到聲學。美國國會大廈（US Capitol）與倫敦聖保羅大教堂（St. Paul Cathedral）的迴廊皆利用圓錐曲線的概念建造而成，所以，若在橢圓迴廊的一個焦點處發出低語，便能在另一個焦點處聽到聲音，且除此之外的任何其他地方都聽不到。甚至到了近年，衛星信號接受器與太陽能收集器，也都應用了拋物面的反射性質，以聚焦射入的能量線至接收器及收集器的中心。在外科手術中，同樣的幾何學原理亦被應用於治療身體器官與結石的聚焦超音波上。

除了光學，伽利略的拋體運動研究與克卜勒（Johannes Kepler, 1571-1630）的行星運動理論是最早的圓錐曲線應用。克卜勒發現地球是以橢圓軌道繞行太陽，且太陽位居橢圓軌道的一個焦點上。

之後圓錐曲線的發展，則是著重於無窮小分析法（infinitesimal analysis）的使用，數學家們致力於計算曲線長度或曲線構成的面積。直到笛卡兒與費馬（Pierre de Fermat, 1601-65）在十七世紀發明了解析幾何學，才為現代圓錐曲線的定義鋪好了路。十七世紀以降的數學家不再用圓錐切面來定義圓錐曲線，而是使用代數方程式，以二次方程式中兩變數在平面上的軌跡來定義。在這個階段，圓錐曲線從幾學裡消失，再從代數學何中冒出頭來。

完美的鐘擺

荷蘭科學家兼數學家惠更斯（1629-95）在發現稱為「擺線」（cycloid）的新曲線後，發展出鐘擺。他發現無論擺錘從什麼高度釋放，到達底部的時間均相同，它行走的路徑長短不影響擺動的頻率。惠更斯繼續論證其他曲線的性質，他利用解析幾何學與無窮小分析法來計算曲線長度，發現拋物面是拋物線旋轉而成的，成為第一個算出拋物面表面積的人。

立體幾何

　　建造小屋時，只需要反覆試驗、檢查就足夠，不需數學觀念，但當人類開始興建更複雜的建築物時，就需要立體幾何學——三度空間的幾何學——的概念來輔助。古希臘時期的三大古典數學難題之一的倍立方（doubling the cube），就是個立體幾何問題。

　　立體幾何與長、寬、高及三維形狀體積的測量息息相關。體積測量並非只能用於立體物件，早期很可能將體積測量用於測量容量和建築物的長寬高，在一些巴比倫與埃及的文獻中，可以見到關於地窖和金字塔體積的計算過程。

基本形狀

　　柏拉圖定出五種正多面體，並將之和他所認為的組成宇宙的五種基本元素之間作連結，此五種正多面體為三角錐（正四面體）、立方體（正六面體）、正八面體、正十二面體與正二十面體。柏拉圖宣稱地球上的土、火、空氣、水分別由正六面體、正四面體、正八面體與正二十面體微粒所組成，而且認為「神使用正十二面體來安排整個天空旳星座。」在《幾何原本》中，歐幾里得完整解釋了柏拉圖的正多面體，並跟柏拉圖一樣斷定正多面體只有五個。

在建造金字塔前，埃及建築師必須先計算金字塔的體積，才能知道所需石頭的正確數量。

 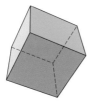   

| 正四面體 | 正六面體 | 正八面體 | 正十二面體 | 正二十面體 |

德國天文學家克卜勒曾試圖將柏拉圖正多面體的幾何概念和已知的行星之間作連結，以建構出太陽系的模型，在此模型中這些多面體相互套疊在一起。雖然他最後不得不放棄此一模型假設，但是一六一九年時，他在研究過程中發現兩個星形的正多面體，兩者皆是由已知的正多面體的邊或面延伸所成的新形狀。龐索（Louis Poinsot）在一八〇九年又發現另外兩個正多面體；一八一二年，柯西（Augustin Cauchy）證明了星形正多面體已經全部被找到。

柏拉圖正多面體：柏拉圖相信這些正多面體是構成宇宙的基本元素。他還相信土是由正六面體微粒組成的；火由正四面體微粒組成；空氣由正八面體微粒組成；而水則由正二十面體微粒組成。

雖然柏拉圖被視為第一個提及正多面體的人，但事實上，早在四千年前這些圖形便已被刻畫在蘇格蘭的岩石上，而且至少有一個星形的多面體在克卜勒提出之前就已眾所皆知，因為在義大利威尼斯的聖馬可大教堂（Basilica of San Marco）的大理石地板上，就畫著其中一個星形正多面體，其年代可追溯至十五世紀。

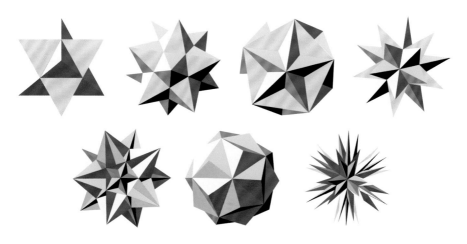

有些多面體可以延伸出許多星形正多面體，有些則很少。

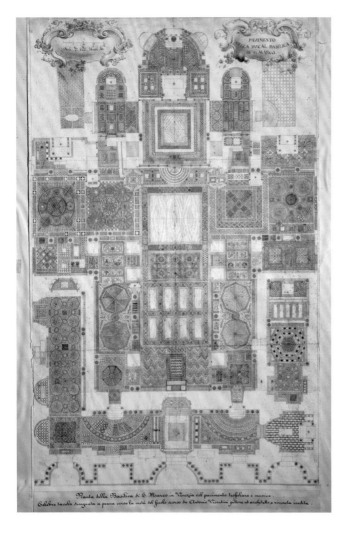

威尼斯的聖馬可大教堂平面圖：大理石地板上畫了一個星形的正多邊形，其年代可追溯至十五世紀。

測量體積

　　就像平面多邊形可以分割成一連串的三角形那般，為了計算體積，多面體也可以分解成多個正多面體。古埃及人已經熟知如何計算正立方體、方錐、三角錐、圓柱體、圓錐的體積，但上述形狀之外的立體體積就很難計算了。後人將不規則形狀體積的解法歸功給阿基米德，他發現把立體物放入水中時，排出的水量等於該物體積。據說當他發現這個方法時，他從浴缸中跳起，光著身子跑到街上大喊：「我發現了（Eureka）！」

黃金王冠

羅馬作家維特魯威（Vitruvius，西元前二十五年逝世）曾說過一個故事：海隆國王（King Hieron）委託製造一頂實心的黃金王冠，並要求阿基米德判定珠寶商所製造的王冠是否真的為實心黃金，而阿基米德當然不可以為了測試而破壞王冠。他在洗澡時發現，他可以將王冠浸入水中，並測量水排出的體積，接著將王冠秤重，如此一來便能計算王冠的密度，藉由比較此王冠的密度與黃金的密度，阿基米德就能判定它是否是真的黃金或摻雜了其他密度較低的便宜金屬。

阿基米德最有名的事蹟是在浴室大叫：「*Eureka!*」（「我發現了！」），但除此之外，他也解釋了槓桿原理，力學便是基於此原理而誕生的。

　　球體是一種極為特殊的規則物體，因為它沒有角、邊、面。阿基米德證明出球的體積與球體面積都是同直徑、同高的圓柱體的三分之二，中國數學家祖沖之（429-500）則在阿基米德之外，最早論證出球的體積為 $4/3 \pi \gamma^3$。

體積與微積分

　　至此，我們已經可以計算正多面體的體積，以及可拆解成多個正多面體的立體體積，並能夠以浸入水中所排出的水量得到不規則立體體積，但除了不規則立體體積和圓錐曲線的迴轉體之外，仍有未能計算的問題，這些問題直到十七世紀末微積分發明後才得以解決。

祖沖之是阿基米德之外，第一位測量出球體積為 $(4/3 \pi r^3)$ 的人，他也創造出一套新曆法系統，此圖中的雕像位於上海，是用來紀念這套曆法。

看見世界

雖然希臘數學家只崇尚純理論，他們的數學仍發展自真實世界並衝擊我們與真實世界的關係。數學的發展一開始是因為對純邏輯論證的興趣而發展，疏離真實世界的應用，卻也因此使藝術、科學、數學在文藝復興時期的歐洲交融蘊合，同時產生新的看待世界的方式，這些過程讓我們重新思索數學概念的新方向。

我們看待周遭世界——更精準地說，是宇宙——的方式，幾個世紀以來鼓舞並啟發了幾何學家，不只是我們「看」的生理機制與光線行進的方式，還有如何呈現我們所見並為之形塑模型的困難問題，都既得益於幾何學，亦促進其發展。透視幾何學（perspective geometry）研究圖形和它們呈現的「像」之間的關係，這門學問開始於對物體影子的研究與對眼睛所見的遠方物體的探討。

正確的觀看方式——透視

阿拉伯科學家兼數學家阿爾·海賽姆（965-1040）利用幾何學原理來構成他的光學主張。他進一步發展歐幾里得的一些著作，重新定義了平行線，並利用圓錐曲線來探索光線的反射與折射。他做出一個精確的光線模型，認為光線是從物體發射出來的而不是從觀察者的眼睛發出（某些科學家採用後者的說法），從物體發射出來的光錐，有一些會到達觀者的眼睛，他後來繼續嘗試利用圓錐曲線，來找出從平面或曲面反射的反射點。阿爾·海賽姆的著作透過拉丁文的翻譯版本進入西方世界，同時促成藝術史上最偉大的革命：義大利文藝復興時期的直線透視法（linear perspective）的發現。

佛羅倫斯的建築師兼工程師菲利波·布魯內萊斯基（Filippo Brunelleschi, 1377-

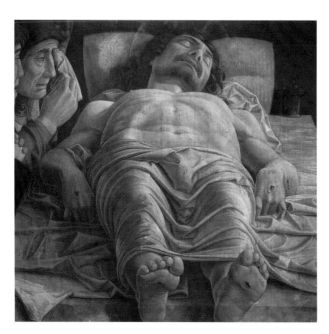

安德烈·曼帖那（*Andrea Mantegna, 1431-1506*）所繪的《基督之死》（*The Dead Christ*）是西方藝術早期應用透視原理的上乘作品。

1446）是重新找出曾為希臘、羅馬人所熟知的直線透視法建築原則的人。布魯內萊斯基利用兩個鑲板來論述透視原則，可惜這兩片鑲板已佚失。但一四三五年時，他的作品被編入阿爾伯蒂（Leon Battista Alberti, 1404-72）的《論繪畫》（*Della pittura, On Painting*）之中。

　　阿爾伯蒂認為畫畫就像是將影像投影在垂直平面上，此垂直平面切割了物體（光線的頂端）與觀者眼睛之間的光錐，畫作也包含一個無窮遠點（point at infinity），現在稱為「消失點」（vanishing point），也就是畫作上兩平行線交會的點。

繪製世界地圖

　　繪製大範圍的世界地圖需要幾何學另一種的應用，調查者將三角學用於新的三角測量法，使精確的地圖繪製不再只是夢想。第一個在歐洲提出三角測量法的，是一五三三年的法蘭德斯（Flemish，今荷蘭）數學家弗里希斯（Gemma Frisius, 1508-55），但在此之前，古埃及與希

佛羅倫斯聖母百花大教堂（Cathedral of Santa Maria del Fiore）的圓頂（1420-36）是布魯內萊斯基的巔峰成就，他利用木材重量產生的壓力來支撐圓頂。

一八七四年，地理調查成員在蘇丹山（Sultan Mountain，位於美國科羅拉多州聖胡安縣）山頂上進行三角測量。

臘就曾有過粗糙的三角測量法使用記錄，而且亞歷山卓的海龍（Heron of Alexandria）在西元一世紀時也曾提及原始的經緯儀。

　　地圖的正確繪製需要經緯儀的使用和三角學的概念：每一條基準線的端點、視線到遠方物體的角度，都需要用經緯儀來測量。而三角學的方法可以用來算出此遠方物體的距離，將地理表面的區域代換成已經測量與

文藝復興時期根據托勒密的《地理學指南》所繪製成的地圖。地圖繪製技術在地理大發現時代（Age of Discovery）有戲劇性的發展。

托勒密和美洲

雖然托勒密最有名的著作為《天文學大成》（*Almagest*），但他也寫了一本超過千年仍深具影響力的《地理學指南》。他發展出兩種投射方式，並介紹經緯線，但不正確的測量導致他的經線錯得離譜。他也高估了希臘地區所涵蓋的地球表面範圍，以至於計算出的地球大小小於實際尺寸。

現存歐洲最古老的中世紀地圖非常依賴托勒密的《地理學指南》，所以當探險家計畫向西航向印度時，他們以為的航程比實際路程來得短，假使哥倫布當時知道此書的真相，他可能就不會輕易嘗試讓他最終發現美洲的航海計畫。

此圖顯示出畫家對於哥倫布一四九二年登陸美洲的浪漫印象。經歷了比預期還長的航程之後再次踏上陸地，他想必鬆了一口氣。

計算好的一個個三角形，便可將全部的區域繪製出來。第一個大規模的地圖繪製計畫是由斯涅爾（Willebrord van Roijen Snell, 1581-1626）在荷蘭執行，他利用三十三個三角形調查了一百三十公里的地域。接著，法國政府決定勘測整個法國，共花費了一百多年才完成。英國政府於一八〇〇年到一九一二年間勘測整個印度，埃佛勒斯峰（Mount Everest）就是在這個勘測過程中發現的。

　　十五世紀中葉，從葡萄牙人探勘非洲海岸開始，探險者陸續發現新陸地、繪製新地圖。除了直線式探勘，繪圖師更想記錄廣闊的新陸地，因此需要能夠繪出二維地域的方式，而此二維地域事實上是覆蓋在球體地球的表面上。托勒密在《地理學指南》（*Geography*，這部作品在文藝復興時期的歐洲重新被發現）中使用的方法不適用於大範圍的繪製，繪圖師因而改採用球極射影法，天文學家曾用此方法勾勒天空的樣貌，但天文學家用此方法描繪出的是半球體的內部，地圖繪製師則得展現球體的外部（球極射影法利用在地圖上看不見的射影點將球射

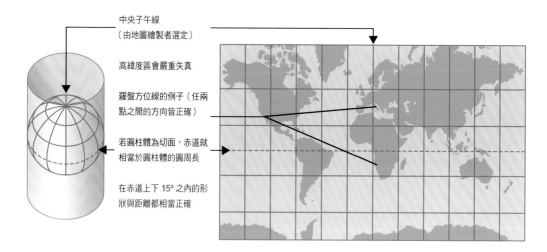

中央子午線
（由地圖繪製者選定）

高緯度區會嚴重失真

羅盤方位線的例子（任兩
點之間的方向皆正確）

若圓柱體為切面，赤道就
相當於圓柱體的圓周長

在赤道上下 15° 之內的形
狀與距離都相當正確

這是使用麥卡托投影圖法所繪製的地圖，顯示出這
個地圖是如何藉由地球在圓柱體上的投影而製成。

影在一個平面上，靠近射影點的區域會失真）。

麥卡托投影圖法（Mercator projection）是最成功的修改版，由法蘭德斯的地圖製造商麥卡托（Gerardus Mercator, 1512-94）最先製作，他將地球投影到切於赤道的圓柱體，在此圓柱體上經線會與赤道垂直，由緯線和經線畫成的直線讓地圖上任一點都有正確的經緯度值，當圓柱體展開時，便是我們所習慣的平面地圖。雖然投影地圖對航海有幫助，但是靠近極地的區域特別容易失真，例如在麥卡托投影的地圖上，格陵蘭島（Greenland）大約等於非洲的大小，然而事實上非洲的大小大約是格陵蘭的十四倍。

再回到數學

對透視與投影的深入討論也回饋到數學本身，刺激了對於一般透視圖法性質的探討。最具代表性的是迪沙格（Girard Desargues, 1591-1661）的傑作，它促使了射

射影幾何

射影幾何學將藝術上所使用的直線透視原則發展為一套理論，基本原理是兩條平行線會在無窮遠處會合，因此歐幾里得的第五公設（平行公設）不被接受。迪沙格進一步延伸探討這種方便的透視畫技巧，將它從藝術家的作品中移出，並提出一種非歐式的空間。在此空間中，平行線確實會在無窮遠處會合，他利用這種投影方式來研究幾何圖形，其中也包含圓錐曲線。

影幾何學（projective geometry）在十九世紀時發展得更為嚴謹。

迪沙格是一位法國數學家、建築師與藝術家，笛卡兒與費馬都是他的朋友，他們同為當時一流的數學家。迪沙格發展出一套幾何方法來建構物體的透視圖，並在一六三六年出版一本非常理論性的書，說明建構透視的幾何學。雕刻師亞伯拉罕‧博斯（Abraham

麥卡托捧著他的地球。

Bosse）在一六四八年以深入淺出的方式重述迪沙格的作品，呈現了我們今日所知的迪沙格定理：若可從一個透視點同時看見兩個三度空間中的三角形，那麼，這兩個三角形相對應的邊延伸相交後，會在同一直線上，這個定理只要相對應的邊不平行就成立，因此，後來修正的版本就能把對應邊平行的情形也納入考慮。迪沙格的作品大為流行約半世紀，也被巴斯卡和萊布尼茲閱讀過，但之後被忽略，直到一八六四年才被重新發現與再次印行。迪沙格與巴斯卡兩人都研究在不同投影下，圖形性質被保留與被扭曲的情況，了解到平面地圖不可能精準表達出地球上實際的距離和形狀。

射影幾何學在十九世紀早期被彭賽列（Jean-Victor Poncelet, 1788-1867）重新發

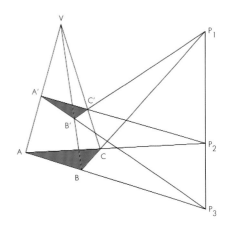

從觀察點 V 出發，三角形 ABC 與三角形 $A'B'C'$ 都位於透視圖中，如果將兩三角形的對應邊延伸直到相交（例如 $\overline{BC}$ 和 $\overline{B'C'}$ 等等），其交點 P_1、P_2 和 P_3 將位於同一直線上。

除了在射影幾何學上的研究，彭賽列也被認為是工程史上最有影響力的人，因為他證明出功與動能的關係。

現。一八一二年，彭賽列加入由拿破崙率軍遠征俄國的戰役，他被軍隊誤當作戰死者，而被丟在俄羅斯的克拉斯諾伊（Krasnoy），之後被捕並且囚禁在薩拉托夫（Saratov）。他在獄中研究透視學和圓錐曲線問題，修正了迪沙格定理有關平行邊的情況，此舉也改變歐幾里得空間的特性。彭賽列假設在無窮遠處有一點，每一條直線在無窮遠處都有一個點，兩條平行線會在無窮遠點上相交，這個觀念成為新射影幾何學的基礎。為了找出射影後不會改變的圖形性質，彭賽列刻意忽略距離與角度的幾何測量，以及尋找如下性質：在原圖上共線（在同一線上）的點，射影後依然共線；以及距離的某些特殊比等等（編按：這種特殊比即交比或叉比 [cross ratio]）。射影幾何也能應用於圓錐曲線的研究上（因為所有圓錐曲線的圖形都可以視為一個圓的射影）。

PONCELET

其他的世界

歐式幾何學提供我們處理平面幾何學所需的工具，但完美的平面只存在於小範圍或理想的環境中，而我們所居住的地方是球體的地球，是至少具有三個維度的宇宙，要在一張平坦的紙上表現地球的曲面或我們眼中的弧面天空時，我們不可避免得將它變形。射影幾何學可以解決一部分的問題，然而，當我們的注意力從完美且規律的球體曲面移開時，更多關於曲面的幾何問題便浮現了。雖然早期的人們就已知道將歐式幾何學與曲面作結合有困難，但直到十九世紀，數學家才發展出新的模型來解決這個問題。

球面幾何

球面幾何是第一個發展起來的「非歐式」幾何學，球面幾何學是在處理球曲面的測量問題。

> 我們已經用數學證明了被陸地和水覆蓋的地球是一個球體……而且任何切過地球中心的平面在其表面（也就是在地球或天空的表面）會形成大圓。
>
> ——托勒密，《地理學指南》（約西元一五〇年）

利用球面幾何學，我們能在一定範圍內正確地測量出行星與衛星的距離。

球面幾何有一個明顯不尋常的特徵。雖然球面上兩個點之間的最短距離便是相連這兩點的直線，就像在平面上一樣，但其實是非常不一樣的，因為如果球面上所畫的直線夠長，便會與起始點相交，變成一個以球心為圓心的圓，我們稱為測地線（geodesic）或大圓（great circle），也就是直線變成了一個圓！所有其他的平面幾何性質也因應這項性質加以修改以適用於球面，例如角是以兩個大圓來定義。

球面上直線的定義不是根據長度，而是根據從球心看出去的兩端點所形成的角度，這個角稱為弧角（arc angle），通常用弧度（radian，也稱為「弳」）來測量，弧度乘上球的半徑就得到球面上的直線長度（弧長）。

平面幾何和球面幾何之間的一些差異很是明顯。舉例而言，在球面上，我們可以只利用兩條線（或兩個大圓）來定義封閉圖形（可以想像成是柳橙的切片），但很顯然我們在平面上不能只以兩條直線製造出圖形。球面三角形還有其他性質，例如球面三角形的內角和總是超過180°，至於超過多少則取決於三角形的大小，超過的量稱為球面角超（spherical excess，簡寫為 E），可以用來計算三角形的面積：

$$面積 = E \times r^2$$

此處 r 為球的半徑，而 E 以弧度表示，此定理稱為吉拉爾定理（Girard's Theorem），以法國數學家亞伯特‧吉拉爾（Albert Girard, 1595-1632）命名。

弧度與角度

一個弧度（radian）等於 $180/\pi$ 度（degree），所以一個圓的弧度為 2π，直線（平角）的弧度為 π。一七一三年，英國數學家羅傑‧科茨（Roger Coates）率先使用弧度來測量角度，他認為弧度是比度更自然的測量單位，但當時他尚未使用這個名詞。一八七三年，在貝爾法斯特皇后學院（Queens College, Belfast）的紙筆測驗中，弧度一詞第一次出現。

柳橙切片是僅以兩條直線所構成的圖形。

早期天文學家和研究者觀測天空和地球
時都把它們當作球體看待，他們很早就發現
歐式幾何學應用在球體時會有困難，然而，
幾世紀後人們才開始相信不同於歐式幾何學
的幾何規則是有可能存在的。

橢圓和雙曲線幾何學

曲面促成兩種非歐式幾何學的誕生，我
們已經從球面幾何學發現畫在球面上的直線
與畫在平面上的直線有不同特性，更重要的
是，發現歐幾里得的第五公設（平行公設）
是無效的。在歐幾里得的平面幾何中，和同
一直線（稱之為 L）垂直的兩條直線將會平
行，但在曲面上，這道理就行不通了，例如
在橢圓曲面上沒有這樣的直線，因為若兩條
直線皆垂直於第三條直線，此兩直線最後必
定相交。完美的橢圓曲面即是一個球面，而
球面幾何是特別，而且是最簡單的一個橢圓
幾何模型。

在一個雙曲線曲面上，兩條與直線 L
垂直的直線會相互偏離。如果雙曲線的曲度

> 銳角的假設絕對是錯誤的，因為它與直線
> 的自然特性相牴觸。
>
> ——沙卻利（Saccheri）

正好是直角，則雙曲線的曲面會在球體的內
部，否則就會是個巨大的碗形。很顯然地，
雙曲線曲面的顛倒是橢圓曲面，也就是說，
在球體外部是橢圓形，在球體的內部則是雙
曲線形。

拒絕其他可能的幾何學

曲面上的線之特性與歐式幾何法則的對
立事實一直困擾著數學家，幾個世紀以來，
他們拒絕承認所有的非歐式幾何學。義大利
數學家沙卻利（Giovanni Girolamo Saccheri,
1667-1733）曾試著證明非歐式幾何學不可

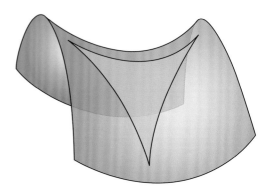

畫在雙曲線曲面上的三角形
呈現馬鞍形，三個內角和會
小於180°。

下列三個簡單圖示呈現出「兩條線與同一直線垂直」
的三種幾何性質。

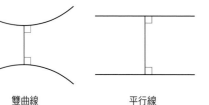

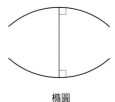

雙曲線　　　　　平行線　　　　　橢圓

圖為亞諾什・波利耶所用的圓規，珍藏於羅馬尼亞毛羅什瓦薩海伊（Marosvásárhely，即波利耶逝世的地方）的波利耶博物館裡。

能存在，卻反倒得出與他意圖相反的證明，他發現非歐式幾何學的可能性，並導出一些雙曲線的幾何原理。他的作品很顯然取材於伊朗數學家海亞姆的著作，但他的論證應該是自己獨立創造的。

沙卻利著手於海亞姆所提出的平行四邊形。平行四邊形是由一對平行線組成的，兩個鄰邊垂直夾於兩平行線之間（因此在正常的平面幾何中，它看起來就像個長方形）。接著，沙卻利考慮三個可能性：內角90°、內角小於90°（銳角）和大於90°（鈍角），雖然看起來相當明顯是90°，但他的目標是證明除了90°外不可能是其他角度，以支持歐幾里得的第五公設（平行公設）。結果這些可能的角並未如沙卻利所期望的那般荒謬，他駁斥的理由也不夠充分，而且儘管他拒絕承認這銳角和鈍角存在的可能，卻也無法證明它們是錯的。經過一段時間後，

大家逐漸才明白銳角的情形等同於雙曲線幾何學，而鈍角的情形則等同於橢圓幾何學。

沙卻利的作品在他生前少有影響力，直到十九世紀中葉，貝爾特拉米（Eugenio Beltrami）重新發現他的作品後，才確立了他的重要性。

接受的曙光

大約在一八三〇年，因為匈牙利人亞諾什・波利耶（János Bolyai, 1802-60）和俄羅斯人羅巴切夫斯基（Nikolai Ivanovich Lobachevski, 1792-1856）兩人各自發表的作品，雙曲線幾何學才得以重見天日。波利耶的作品以德文出版，羅巴切夫斯基的作品則

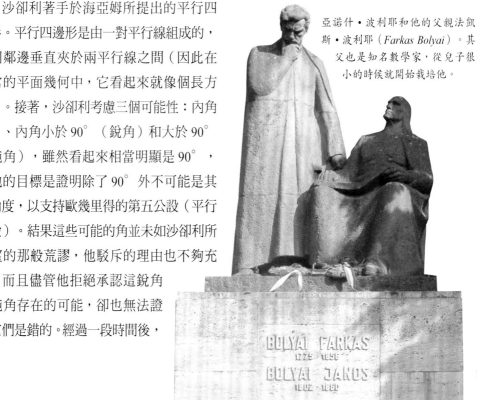

亞諾什・波利耶和他的父親法凱斯・波利耶（Farkas Bolyai）。其父也是知名數學家，從兒子很小的時候就開始栽培他。

BOLYAI FARKAS
1775 1856
BOLYAI JÁNOS
1802 1860

高斯（1777-1855）

高斯從小就是天才，他出生於德國的一個貧窮家庭，雙親皆未受教育。他有驚人的心算能力，並且宣稱自己用心算計算對數的速度比查表更快。

高斯讓數學有長足的進展，並可將之擴充應用於天文學、統計學、地球科學、測量學等領域。他在許多領域均貢獻了重要的定理與證明，他對圓錐曲線的研究是愛因斯坦發展相對論的理論基礎，他也曾與物理學教授韋伯（Wilhelm Weber, 1804-1891）一起研究地球磁場，他發展出的方法直到二十世紀中葉仍被使用，他們兩個在一八三三年也發明了第一份利用電磁原理傳送的電報。高斯宣稱他比波利耶更早研究出雙曲線幾何學，而波利耶則認為高斯意圖盜竊自己的想法。事實上，高斯的

私人日記上顯示，他早在其他人出版著作的好幾年前（甚至好幾十年前）便偶然研究出來了，只不過沒有進一步闡述或出版。

哥廷根的高斯—韋伯紀念雕像，這是哈特澤（Carl Ferdinand Hartzer, 1838-1906）一八九九年的創作。

用俄羅斯文，而羅巴切夫斯基的作品直到也發行德文版後，才獲得更多注意。偉大的德國數學家高斯向波利耶宣稱，波利耶在一八三二年出版的著作中所提出的多項發現，他早就找到了，只是並未將之公開罷了。這是有可能的，因為羅巴切夫斯基與波利耶都曾和高斯有過接觸，也許高斯的指導

與信件往返的過程中給了他們靈感。若真是如此，高斯可能是完整發展出非歐式幾何學的第一人。

一八五五年高斯死後，他的見解被出版，在此之前羅巴切夫斯基和波利耶的作品對後世的影響力很小。

高斯提出把雙曲幾何的面

羅巴切夫斯基的畫像。他在喀山大學（Kazan University）當了多年的教授。

與橢圓幾何的面當作「空間」看待的概念，因為雖然它們存在於三度空間，但其實只有兩個維度，而且只需要用兩個變數就能定出圖形上的點，他證明只需距離與角度就能完整描述整個曲面，不需要任何三度空間定位的相關資訊。

黎曼和不規則曲線

儘管波利耶和羅巴切夫斯基已經證明這些替代的方法可以適用於雙曲幾何的面，但是，能處理曲面的幾何學仍然沒有發展出可以與歐式幾何學相媲美的模型，直到一八六八年，義大利人貝爾特拉米（Eugenio Beltrami, 1835-99）的出現。貝爾特拉米使用現在所稱的虛球面（preudosphere）、龐加萊圓盤（Poincaré disc）、克萊因模型

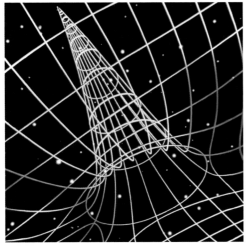

電腦繪圖展示由黑洞所製造的曲面空間，空間一時間的曲面是根據愛因斯坦的相對論所建立的。

（Klein model）和龐加萊半平面（Poincaré half-plane）這些特殊空間模型，證明出只要歐式幾何學是相容的，雙曲面幾何學也會是相容的。

在龐加萊圓盤上，距離會隨著遠離圓心而變大，但是這個差異並不明顯，因為圓盤彎曲的方向遠離觀看者。在艾薛爾（Maurits Cornelis Escher, 1898-1972）的《圓的極限III》（Circle Limit III）圖片中，許多一樣大的圖形佈滿整個曲面，這跟麥卡托在投影的地圖上使靠近兩極的國家尺寸失真（例如格陵蘭島看起來比實際大）的表現手法很相像，然而龐加萊圓盤扭曲圖形尺寸的方式不一樣：它讓距離看起來比實際還小。在龐加萊圓盤邊上兩點之間的最短距離是與圓邊界垂直的圓弧。

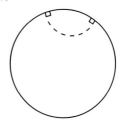

同理可知，雙曲幾何中的圓中心並非位於圖形中間：

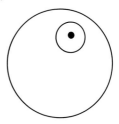

德國人黎曼（Bernhard Riemann, 1826-1866）將雙曲線幾何學延伸至沒有等曲率的表面上，他訂出一套可以僅用十個數字描述空間中曲面上任一點的系統。黎曼的幾何學要求發展出更高的維度（亦即超過我們所習慣的三維度實體世界），他以 n 度空間的概念著手，並使用微積分來算出任何曲面的測地線。他的研究是許多當代物理學的基礎，包含愛因斯坦的相對論。

在嘗試證明非歐式幾何學理論的過程中，也促成數學家們重新對《幾何原本》進行更嚴謹的檢閱，德國數學家帕許（Moritz Pasch, 1843-1930）認為有必要發展出以歐幾里得公設為基礎的更多概念、公理、邏輯演繹來支撐新幾何學，讓新幾何學能夠像已存在的數學理論那樣獲得穩固的驗證。此論點給了希爾伯特（David Hilbert, 1862-1943）將所有平面幾何概念公理化的動機，他認為即使是看起來很一目瞭然的推論，也應提供一個證明作為穩固的依據。

裡面還是外面？

曲面是拓樸學（topology）此一數學分支的理論基礎，在二十世紀中葉（1925-1975）此領域成為最重要的數學發展之一。雖然如高斯和黎曼所述，曲面存在於 n 度空間中，但它們本身卻只有兩個維度。曲面甚至可以扭轉成像三度空間的圖形，這些不尋常的特質使曲面並沒有明顯的裡外之分。

可說明這項論點的最簡單例子是莫比烏斯帶（Möbius strip），用紙帶即可輕鬆製作完成：將紙帶扭轉一次，再將兩端黏貼在一起。完成後，可以發現此莫比烏斯紙帶只有一面，你可以用筆順著表面上畫出連續軌跡，你會發現紙帶的兩面都會有筆跡。

克萊因瓶（Klein bottle）是這個原則在更高維度上的延伸，雖然這種瓶子必須設計

> 我希望能呈現給你的空間觀和時間觀，是從實驗物理的土壤中發芽、茁壯的，是萬物的根本。今後，空間本身與時間本身注定消逝成為微不足道的幻影，唯有將兩者結合，才得以維持一個獨立完整的現實世界。
>
> ——赫爾曼•閔可夫斯基（Hermann Minkowski），一九〇八

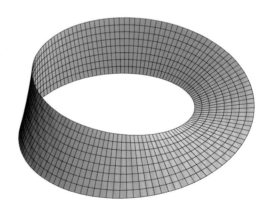

莫比烏斯帶：此圖形造成的視覺詭計成為藝術家艾薛爾（M.C. Escher, 1898-1972）作品的基礎——這是二度空間還是三度空間？

愛因斯坦、黎曼和
空間─時間的連續性

由阿爾伯特・愛因斯坦（Albert
Einstein, 1879-1955）所提出的廣義
相對論，使用黎曼幾何學的概念和
一個額外的維度，製造出稱作「時
空」（space-time）的四度空間（在
一九○五年愛因斯坦發表狹義相對
論後，時空的概念由閔可夫斯基率
先提出）。在廣義相對論中，時空
是彎曲的，越接近巨大質量的物體
曲率就會越大，彎曲的現象是由質
能（mass-energy）和我們所知的
重力現象相互影響而導致。如此一
來，愛因斯坦的理論以多維度的非
歐式幾何學取代了我們熟悉的牛頓
力學中，重力的「力」的概念。

這裡所說的曲率與相對論原理，在
一九一九年根據對日蝕的觀察而獲
得證明。愛因斯坦曾預測，由於受
到恆星或行星重力場的影響，光線
會因為空間彎曲而變形，而就是因
為變形的緣故，在日蝕時恆星出現的位置
會有些微的誤差，亞瑟・愛丁頓（Arthur
Eddington, 1882-1944）爵士在幾內亞灣

追隨閔可夫斯基的榜樣，愛因斯坦在他提出的「時空」理論
中，為數學與幾何世界引進了第四度空間。

（Gulf of Guinea）的普林西比島（Principe
Island）上所做的測量，證實了這個理論。

成在三度空間中表面相互交合，但它其實是
用數學原理設計的，若能將之置於四度空間
中，它便會是一個表面不相交的曲面，內面
與外面完美無縫接在一起。此外，有趣的是
若將一個克萊因瓶切開，可以得到兩個莫比
烏斯帶。

平面國

短篇小說《平面國：多維度的浪漫》（*Flatland: A Romance of Many Dimensions*）是埃德溫•艾伯特（Edwin A. Abbott, 1838-1926）在一八八四年所撰寫的作品，他用數學故事諷刺當時英國維多利亞時代的社會階級觀念。在書中，述說故事的人是一個「正方形」，他居住在一個稱為平面國的二維世界。有一天在夢中，他拜訪了一個叫作直線國的一維世界，但是他無論怎麼說都無法讓直線國的國王相信他是從二維世界來的。後來「球體」來拜訪

正方形，正方形就像之前的直線國國王一樣，無法相信三維世界的存在，直到他真正走訪了三維世界才改變想法。在那之後，正方形試著向球體提出更多維度的可能性，但是他無法說服球體。最後，正方形變成一個罪犯，以在平面國到處「造謠」三維世界存在的罪名被起訴。

在另一個夢境中，正方形被帶到點國，但他一樣未能成功說服點國國王有另一個不同世界存在的可能。

《平面國》的封面圖，封面上有所有「正方形」在夢境中走訪過的地方。

荷蘭藝術家艾薛爾利用這種不可能的曲面和構造的想法繪製了好幾幅圖畫。潘洛斯三角形（Penrose triangle）最先是由瑞典藝術家魯特斯瓦德（Oscar Reutersvärd, 1915-2002）於一九三四年所畫，一九五〇年代經由數學家羅傑•潘洛斯（Roger Penrose, 1931- ）推廣而變得流行，他稱此三角形為「最簡潔形式中的不可能」（impossibility in its purest form）。

花絮一則

克萊因瓶這個名字其實出自一場誤會，是因為當初翻譯的時候譯者誤將德文的「Kleinsche Fläche」（克萊因表面）看成「Kleinsche Flasche」（克萊因瓶）而來。這個名字（甚至是德文原文）時常造成困擾，吹玻璃的工人還因此製造出符合字面意義的「克萊因瓶」，雖然這種「克萊因瓶」的表面勢必要交叉。倫敦的科學博物館有這些「真正的」克萊因瓶的展示。

繼續前進

　　不可能的幾何圖形，並非

西澳大利亞東伯斯（*East Perth*）的潘洛斯三角形。
事實上，這個構造在頂端並不相連，但若從兩個特
定點中的任一點拍攝，頂端便會看起來是相連的。

一定不可能。事實上，無法被視覺化的東西
並不代表它不存在，就像若要將三度空間繪
製到平面，我們所需的不過是一個相容且完
善的方法。這些圖形——尤其是大於
三維度的空間——之所以可行，藉
重的是座標系統，而這些可以利
用數學中的代數運算來探究和
運算。代數和幾何學的發展
本來是平行的，但兩者大
量交互影響，直到十七

名為克萊因的數學家，
覺得莫比烏斯帶真神，他這麼說啊：
「將兩端黏妥善，
你就能做出我的這種怪瓶啦。」

——匿名的五行打油詩

世紀時，兩位傑出的法國人將代數與幾
何合而為一，為黎曼的學說提供了繼
續發展的有利工具，也促進其他非
歐式幾何學的發展。

潘洛斯三角形

第五章

神奇的公式

　　大家都對代數很熟悉，它們常出現於學校的
習題裡，或是用來描述經濟、科學與其他學科的
問題中，它們以方程式的形式，必須解開方程式
才能得到其所代表的未知量。

　　「利用代號來代表未知的量」是代數的基本
概念，但這個概念演進地十分緩慢，雖然古埃及
和蘇美數學家曾處理過未知量的問題，但是他們
並未使用現在我們習慣的方程式形式來表達——
事實上，一直要到十六世紀末期，方程式才逐漸
演變成我們熟悉的形式。我們現在有許多解開方
程式的方法，例如利用圖表，這得歸功於笛卡兒
的努力成果，他用座標系統結合了代數和幾何，
使方程式能被繪製在座標平面上。

從這個角度來看，巴別塔（Tower of Babel）公然反抗上帝和幾
何學的規則。

古代世界中的代數

　　當代數問題第一次浮上檯面時，是為了處理與二維和三維有關的幾何問題，所以要處理簡單的代數不可能不用到幾何學。古早時期，人們用代數的概念來處理實際問題時，處理的方式既沒有系統，表達的方式也跟我們現在不同，然而，這些早期的發展確實是日後代數公式化的源頭。

田地與地窖

　　大英博物館中的巴比倫泥版上有幾個數字問題，相當於現在的二次或三次方程式，這些問題與建築計畫有關，並涵蓋了面積和體積的計算。

　　有些問題是關於如何將一塊區域以不同比例分割成小部分，這些面積問題很容易就能轉換成二次方程式。

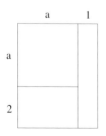

　　在此最大的封閉矩形面積為：

$$(a + 2)(a + 1) = a^2 + 3a + 2$$

　　同樣地，三次方程式源自巴比倫人挖地窖的問題。距今近四千年前的一塊泥版上有

聯立方程組解法雖以高斯命名，但東方世界的使用記錄比高斯還早兩千年。

36 個有關建築的問題，這是目前所知最早經運算並留下文字記錄的三次方程式，巴比倫人、埃及人以及在那之後幾世紀的數學家都曾記錄過類似問題，例如：「一個房間的長度等於其寬加上 1 腕尺；其高度等於其長度減掉 1 腕尺。」

　　巴比倫人沒有採用任何形式的記號來解決相似類型的問題，儘管他們可能擁有解決相關問題的一般方法或算則。古埃及人也已知如何解決相當於現在的線性或二次方程式

的實際問題，但同樣地，他們未發展出任何形式記號，也未有方程式的概念。

中國的《九章算術》（西元前二至一世紀）這本書中，有一章討論到包含二到七個未知數的聯立線性方程組的解法，使用計算籌來運算，允許負係數存在，書中對負係數方程式的描述是現在所知最早的負數使用，利用現在被西方稱為高斯消去法的方法來解題，但高斯在此書出現的兩千年後才想出這個方法。

從幾何邁向代數

在三世紀中葉，希臘數學家丟番圖（Diophantus）發展出解題的新方法，這些方法便是現在所知的線性和二次方程式，他的作品《數論》（*Arithmetica*）（只有一部分流傳下來）包含許多的代數方程式及解法。丟番圖將他的方法應用到手邊的問題，但並未延伸出普遍性的解法，就像早期的希臘人一樣，他屏棄小於零的解，而當方程式有一個以上的解答時，他在找到第一個解答

後就停止運算，即便有無限多組解（例如 $x - y = 3$ 的類型）也一樣。

他發展出一個比訴諸文字還簡單的方法來表現方程式，但仍然不如現代的方法。因為希臘人使用字母代表數字，導致沒有可識別的符號可用來代表變數，我們現在之所以可以使用 x, y, a, b, m, n 等字母代表變數和常數，是因為我們有不同的符號系統來代表數字，因此像 2x 的表示法就不會造成混淆。丟番圖採用了一些變形的希臘字母，並使用符號來指出平方和立方，他採用的方法是介於單純文字推論和現在使用的單純符號系統之間的媒介階段，這個方法也讓丟番圖有機會處理高於立方的次方數，這都是從前所不曾見過、探究過的，在他的一些問題中包含了「平方－平方」或「立方－立方」的標記，分別表示四次方和六次方。

此外，丟番圖沒有等式的概念，還不知道在等號兩端的等式的值可以移動，或同時在等號兩端進行相同的運算。丟番圖也無法同時處理一個以上的未知數，他總是想方設法將第二個未知數轉換成包含第一個未知數的算式，所以如果面臨這樣的問題：「兩數和為 20，兩數平方和為 208」，丟番圖不會將之表示成我們現在的形式 $x + y = 20$；$x^2 + y^2 = 208$，而

印度的二次方程式

包德哈亞那（Baudhayana）所著的其中一篇《祭壇建築法規》，是西元前八世紀的古印度數學著作，它率先引用並解答形如 $ax^2 = c$ 與 $ax^2 + bx = c$ 的二次方程式，這些問題的出現與祭壇的建造有關，因此也與三度空間實際問題相關。

是會令兩個未知數為 x + 10 與 x − 10，如此一來第二個方程式就變成（x + 10）^{2} +（x − 10）^{2} = 208。

丟番圖方程式

丟番圖方程式是指所有的數（包括解答）都是整數（可正可負）的方程式，其解有下列三種可能：無解、一組固定解、無限多組解。例如：

$$2x + 2y = 1$$

上述方程式無解，因為沒有整數的 x 和 y 可以得到 1 的答案（任何兩個偶數的和必定是偶數）。

方程式 x − y = 7 有無限多組解，因為我們能夠不斷從更大的整數中來找出 x 和 y 的解。

方程式 4x = 8 只有一組解：x = 2。

丟番圖方程式在處理不可分割的事物時很有用，例如人數，所以舉例來說，若有 24 個人乘車旅行，有些車可以乘載 4 人，有些車可以乘載 6 人，而且每輛車都必須滿載，我們可以就此寫出一個丟番圖方程式，因為車輛數與人數都是不可分割的整數：

$$4x + 6y = 24$$

（這個方程式有個額外的要求：x 和 y 的值都必須為正）。接下來的數學問題也可

以使用丟番圖方程式：有個男孩花了 96 分錢買糖果，其中有 4 個老鼠形巧克力、2 根棒棒糖和 1 條巧克力棒，請問每種糖果的價錢為何？

下列丟番圖方程式是線性方程式（由此方程式畫出的圖形將是一直線）：

$$ax + by = c$$

而以下這個丟番圖方程式與畢氏定理相關，而且會產生畢氏三元數（例如代入 3, 4, 5，解為 9 + 16 = 25）。

$$x^2 + y^2 = z^2$$

雖然丟番圖方程式以丟番圖命名，但他其實不是第一位研究此方程式的人，印度的《祭壇建築法規》就處理過好幾個丟番圖方程式。然而，丟番圖的問題是純粹理論性的，這是他與早期印度與巴比倫數學家明顯的不同之處，他不關心獻祭壇的建造，也不理會挖地窖與課穀稅的問題，他的數字與真實世界中的數量沒有關聯，他只關心在使用整數的情形下，答案是否正確，這很可能也是丟番圖的《數論》中很少出現三次方程式的原因。雖然丟番圖處理的問題看起來並不是特別難，但他使用的方法卻是真正的創新，而且也啟發了後來的數學家。事實上，費馬曾嘗試延拓丟番圖所提出的問題：將一個數的平方分成兩個數的平方，在這過程中，費馬提出了他著名的「最後定理」（Last Theorem，見138頁）。

超過三次方

雖然丟番圖有辦法標記出超過三次方的符號，但是，他卻沒有善加使用。同樣研究這個主題的亞歷山卓人帕普斯（Pappus）也未能掌握。他發現線性、一次式的代數問題與單一直線或一度空間有關；二次式的問題則是和兩度空間或面積，也就是跟平面相關；三次式問題與三度空間或體積有關，即立體問題。他透過平面和空間中的直線研究曲線的特性，因此他反對更高次方程式存在的可能性，因為「沒有任何東西存在於超過三度的空間中」。儘管他與丟番圖都曾經差點發展出代數幾何學，但丟番圖過度仰賴代數，而帕普斯太執著於幾何，使他們錯失了機會。帕普斯提出過許多關於直線與軌跡的幾何問題，其中一個最後促使笛卡兒在十七世紀發明出代數幾何學。

費馬最後定理的翻譯

一個立方數不可能拆成兩個立方數的和，一個四次方數不可能拆成兩個四次方數的和，換句話說，當任何次方數超過二時，就不可能拆成兩個同次方數的和。我已經發現能證明這個命題最美妙的方法，但是因為這裡空白處太小了，我寫不下。

阿爾‧馬蒙之夢

傳說哈里發（caliph，統治者之意）阿爾‧馬蒙（al-Mamun, 768-833）做過一個夢，在夢境中亞里斯多德出現在他面前，因此，阿爾‧馬蒙下令翻譯所有可以找得到的希臘書籍，雖然阿拉伯人與拜占庭帝國之間的關係不太穩定，但阿拉伯人以一系列的協定爭取到了這些書籍。在阿爾‧馬蒙的統治之下，他的智慧宮（House of Wisdom）完成許多譯本，其中包含歐幾里得的《幾何原本》與托勒密的《天文學大成》。

圖為十五世紀時期的亞里斯多德畫像。阿爾‧馬蒙最有名的貢獻就是他對翻譯希臘哲學、科學著作的努力。

代數的誕生

　　印度－阿拉伯數字系統的發展和零的概念確立，促成了現代代數學的誕生。阿拉伯數學家將印度數學和希臘數學去蕪存菁，並加以延伸發展，同時奠定代數系統的基礎，甚至創立了「代數」（algebra）這個專有名詞。阿拉伯人比希臘人更喜愛代數學，而他們的社會制度也為代數的發展盡了一臂之力。舉例來說，他們有非常複雜的遺產繼承法，所以比例與分數的計算雖繁雜得令人生厭，卻不可或缺。最重要的是，一直以來他們都有「找到麥加方向」的需求，這使得代數像幾何學一樣成為值得發展的工具。

代數

　　「代數」一詞源自花拉子米的著作《代數學》的標題（AL-Kitab al-Jabr wa'l-Muqabala, 意為「還原與對消的科學」），他是波斯數學家，也是智慧宮的成員。這本書給了線性方程式與二次方程式的公式解，現代名詞「演算法」（algorithm）便是來自於阿爾‧花拉子米的名字（al-Khwarizmi）。在他的書中，他提供了解決 $ax^2 = bx$, $ax^2 = c$, $bx = c$, $ax^2 + bx = c$, $ax^2 + c = bx$, $bx + c = ax^2$（在此以現代記號呈現）等類似方程式的方法。一如丟番圖，他只考慮以整數為係數的方程式與整數解，但他還加上

海亞姆也負責波斯曆法的改革，他的傑拉里曆法
（*Jalali calendar*）為至今伊朗和阿富汗仍在使用的
曆法奠定基礎。

必須是正數的額外要求，丟番圖則允許負數
的存在。阿爾‧花拉子米用文字寫出所有問
題和解答，沒有使用任何符號來標記，諷刺
的是，大家公認他是將印度－阿拉伯數字傳
入歐洲的先鋒，但他的作品中並沒有用到印
度－阿拉伯數字，反而皆以文字來表示數字。

　　在講解完方程式後，阿爾‧花拉子米參
照歐幾里得的想法，以幾何學提供論證。歐
幾里得的命題全部只跟幾何學有關，而阿爾
‧花拉子米則是將之應用到二次方程式上的

歐瑪爾‧海亞姆（1048-1131）

歐瑪爾‧海亞姆（Omar Khayyam）出生
於波斯（現在的伊朗），他是一位數學家、
天文學家和詩人，大部分的時間靠在塞爾
柱帝國（Seljukid empire）當高官的朋友
所提供的補助金過活。他的著作《代數問
題的論證》（*Treatise on Demonstration of
Problems of Algebra,* 1070）奠定了代數基
本原則，他也讓阿拉伯的代數作品能夠
傳播至歐洲。他研究數字的三角形規
則，也就是我們現在熟知的巴斯卡三
角形，也有一些人認為他是代數幾何
學（利用幾何學來找出代數方程式的
解答）的創始者。

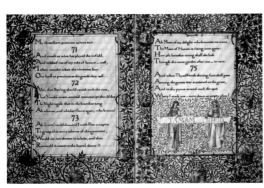

歐瑪‧海亞姆四行詩全集《魯拜集》
（*Rubaiyat*）的十九世紀英譯本。當時許多
波斯學者都是詩人。

$$(a+b)^n = a^n + \frac{na^{n-1}b}{1} + \frac{n(n-1)a^{n-2}b^2}{1 \times 2} + \frac{n(n-1)(n-2)a^{n-3}b^3}{1 \times 2 \times 3} + \frac{n(n-1)(n-2)(n-3)a^{n-4}b^4}{1 \times 2 \times 3 \times 4} + \dots + \frac{nab^{n-1}}{1} + b^n$$

第一人，他發展出能將一個個問題系統化的方法，並應用幾何學來解題。這些方法被後來的阿拉伯數學家採用，海亞姆將之修定得更臻完美（請見下一段）。阿爾・花拉子米的作品成了代數學的代表作，一如歐幾里得的《幾何原本》之於幾何學那樣，在現代數學發展完善以前，阿爾・花拉子米的《代數學》是最清楚、最好的基本論述。

海亞姆跟隨阿爾・花拉子米的腳步，使用與圓錐曲線相關的希臘幾何著作，來論證他的三次方程式解法。海亞姆計算出三次方程式的通解，在當時的印度數學家還停留在只針對個別問題進行研究。十三世紀中國的秦九韶、李治和、朱世傑在沒有參考海亞姆著作的情形下，也發展出三次方程式的解法。

形狀、數字和方程式

在巴斯卡三角形中，每一個數都是其上兩數之和，形成的數列就是二項式係數的數列。在伊朗，它被稱為海亞姆三角形（Khayyam's triangle）；而中國數學家楊輝也研究過它，所以在中國它被稱作楊輝三角形（Yang Hui's triangle）。

這個方程式呈現如何找出二項式 $(a+b)^n$ 展開後的係數和變數。

```
          1
        1   1
      1   2   1
    1   3   3   1
  1   4   6   4   1
```

在海亞姆提到巴斯卡三角形之前，印度的賓迦羅（Pingala，西元前五到前三世紀）也研究過，但他的著作僅有片段在後人的評註中殘留下來。另一個阿拉伯數學家阿爾・卡拉吉（al-Karaji, 953-1029）也探討過巴斯卡三角形，被譽為第一位導出二項式定理（見上圖）的人。印度數學家巴圖塔拉（Bhattotpala，約1068）進一步將巴斯卡三角形寫到第十六列。

巴斯卡三角形提供一個能快速展開類似 $(x+y)^3$ 這種式子的方法，在 $(x+y)^3$ 的情形下，只需要將第三行（因為是三次方程式）的係數取出，就會得出結果：

$$1x^3 + 3x^2y + 3xy^2 + 1y^3。$$

> 如果有人認為代數只是為了求出未知數的小把戲，那麼他們便想錯了。代數和幾何很顯然地在外觀上就不一樣，但代數是一門有關已被證明的幾何事實之學問。
>
> ——歐瑪爾・海亞姆

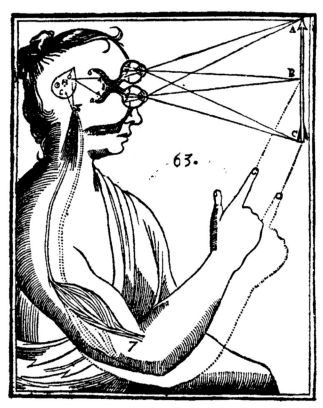

插圖來自笛卡兒的《世界》（*The World*），在該書中他探討光線、感官、生物和許多其他主題。

暫別面積

雖然幾何學提供證明代數解的好方法，但直到代數脫離實體世界的幾何限制時，抽象的方程式才可能出現，方程式至此不再只為了測量與數量的計算而存在，而直接與數字相關。阿拉伯數學家願意將可公度的數（編按：指可以成為某個測量單位的整數倍的兩個數量的比值）和不可公度的數並列，並且將數量混雜在不同維度中，而這兩項都是希臘人不能接受的事。

印度－阿拉伯數字系統與零的概念結合後，讓代數學往前邁進並脫離應用幾何學。雖然海亞姆和阿爾・花拉子米依賴幾何學來論證他們的代數結果，但他們並不是用幾何學中長度、面積和體積的概念來思考代數問題，而是理論性地將幾何學視為表述代數問題的工具。

幾何學與代數學兩者之間的關係在接續的五百年發展後，促成笛卡兒與費馬的解析幾何學。

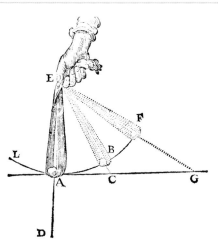

插圖來自笛卡兒的《哲學原理》（*Principles of Philosophy*），展示了物體的移動。

127

寫下方程式

海亞姆在一一三一年過世，當時阿拉伯的數學發展已經走下坡，來自阿拉伯世界的學者對數學的貢獻漸少。雖然此時的政治與宗教團體正在破壞阿拉伯文化傳統，但幸運的是，歐洲的學術風氣在此時被喚醒。十二世紀，來自雷莫納的傑拉德（Gerard of Cremona, 1114-1187）在托雷多（Toledo）將 87 本希臘與阿拉伯學術著作翻譯成拉丁文，其中包括托勒密的《天文學大成》、歐幾里得的《幾何原本》，與阿爾・花拉子米的《代數學》。在英格蘭，徹斯特的羅伯特（Robert of Chester）於一一四五年翻譯阿爾・花拉子米的作品，巴斯的阿德拉德（Adelard of Bath）則在一一四二年翻譯歐幾里得的《幾何原本》。

經過幾個世紀重拾、鞏固前人的學問後，歐洲數學家開始投身於代數的研究中。德國是十六世紀新學術發展的焦點，其中最重要的德國代數著作，可能是史迪飛（Michael Stifel, 1487-1567）的《整數算術》（Arithmetica integra），他接受在二次方程式中出現負係數，也因此將不同形式的二次方程式整理成單一形式；此外，他也使用負數次方代表倒數，所以：

$$2^{-1} = 1/2^1 = 1/2 , \ 2^{-2} = 1/2^2 = 1/4$$

其餘同理。但即使如此，他並不允許二次方程式有負數根，認為負數根是荒謬的數（numeri absurdi），他也同樣不信任無理數，他說：「無理數就像是躲在某片無限量的烏雲之下。」他提出使用單一字母代表一個未知量，重複字母代表未知量的平方，所以，如果 c 是一個未知量，cc 便是 c^2，而 ccc 就是 c^3。

方程式的記號

如果代數沒有我們現在所使用的符號將會變得冗長又累贅，然而現代記號的確來得比較遲，在義大利，符號 p̃ 和 m̃ 用來代表加和減，是 più（多）和 meno（少）的縮寫。拉丁文字充滿單字和片語的縮寫，這些單字與片語都是平時很常見的，此種處理方法雖並非原創，但算術運算子（用符號來表示運算的方式）的表示法，直到十五世紀晚期才出現。

人們最先使用的符號是「＋」和「－」，雖然起初只是單純用來表示倉庫中的庫存和短缺的量，但不久後它們就成為被廣泛使用的運算符號。這些符號最先出現在約翰・魏德曼（John Widmann, 1462-1498）的書中，他是十五世紀後葉、十六世紀前葉出版代數著作的諸多德國數學家之一。

但即使運算符號系統已發展完成，許多數學家仍然繼續遵循文辭（rhetoric）的模式，來提出問題及其解決方法，幾乎沒有使

羅伯特・雷科德（1510-1558）

羅伯特・雷科德（Robert Recorde）生於英國威爾斯，在牛津大學和劍橋大學教數學。他受過醫學訓練，曾經是愛德華六世（Edward VI）與瑪莉一世（Mary I）的私人醫生，他也曾是皇家鑄幣廠（The Royal Mint）的管理人。雷科德重建了英國的數學，這個國家已經有兩百年未出現著名的數學家，他以英文詳細解釋每一項數學原理，讀者很容易就能跟隨他的步伐循序漸進，他希望盡可能地使數學變得容易又好懂，也因如此，他大部分的著作都是以師生之間的對話體方式來呈現。一五五一年，他出版歐幾里得《幾何原本》的摘錄譯本，是《幾何原本》的第一本英文譯本。他也是第一個使用等號的人，但比我們現在使用的平行線段還長，之後歷經一百年的時間，這個符號才廣泛地被接受。

一五五八年，雷科德因為未付一千鎊的誹謗罰金而遭監禁，同年死於獄中。

用任何符號縮寫（簡字，syncopation）。西方數學直到十七世紀才有一致的符號代數，而伊斯蘭世界的西部卻早在十四世紀便於教學材料中使用代數符號。

符號	日期	來源
＋（加號） －（減號）	1489	德國的約翰・魏德曼 出處：《敏捷齊整算法》（*Rechnung auf allen kaufmanschaften*）
√（根號）	1525	德國的克里斯多福・魯道夫（Christoff Rudolff） 出處：《論未知數》（*Die Coss*）
＝（等號）	1557	英國的羅伯・雷科德 出處：《勵智石》（*The Whetstone of Witte*）
×（乘號）	1618	英國的威廉・奧特雷德（William Oughtred） 出處：愛德華・萊特（Edward Wright）翻譯的約翰・納皮爾《奇妙的對數表描述》的附錄。
將a,b,c視為已知數（常數） 將x,y,z視為未知數（變數）	1637	法國的笛卡兒 出處：《方法論》（*Discours de la méthode pour bien conduire sa raison et chercher la vérité dans les sciences*）
÷（除號）	1659	德國的約翰・拉恩（Johann Rahn） 出處：《德國代數》（*Teutsche Algebra*）

> 我將在我的運算中使用一對平行線或兩條相似的線段，
> 亦即＝，因為沒有任何其他兩件事可以這麼相等了。
>
> ──羅伯特・雷科德

現代數學的開端？

　　雖然史迪飛的《整數算術》（1544）是部重要的作品，但不到一年的時間，它的地位就被取代了。一五四五年，一部革命性著作出現，有些人認為其核心概念是現代數學的開端。這本書即為《大術》（*Ars Magna, The Great Art*），作者卡當諾（Gerolamo Cardano，見次頁）解釋如何解出三次甚至四次方程式。然而，這些發現也許不是卡當諾一個人的功勞，因為三次方程式的解法可能是由波隆納大學（University of Bologna）數學系教授德費洛（Scipione del Ferro, 1465-1526）所發現的。他在過世前，將相關知識傳授給他的學生費爾（Antonio Maria Fior）。塔爾塔利亞（Niccolo Tartaglia, 1500-1557）也獨自找到解法並且和卡當諾分享，前提是卡當諾不可以公開。但在卡當諾發現找出這個解法的不只有塔爾塔利亞一人時，卡當諾就公開了這個解法。他雖然坦言是從塔爾塔利亞那裡得到線索，但也表

示四次方程式是由他的文書助理法拉利（Ludovico Ferrari, 1522-1565）所解開。可想而知，塔爾塔利亞對此事相當不悅，雙方爭辯長達十年之久。塔爾塔利亞原本希望能將公開三次方程式的解法，作為他職業生涯的最高成就（塔爾塔利亞在這之前曾發表過他的其他發現，然而，他也沒有提及他的靈感來源，這多少減少了我們對他的同情）。

　　對於負數，卡當諾比之前的數學家有著更開闊的心胸，但雖然他覺得負數根的可能性很有趣，卻不將負數根納入考慮，因為「它的用處微不足道」。

　　卡當諾的著作是自從巴比倫人發現如何藉由配方法解出二次方程式以來，代數發展史上最重要的里程碑，儘管實際運算時，他的解法並不好用──需要解開三次方程式時，阿爾・卡西（Jamshid al-Kashi, 1380-1429）發明的連續漸進法比卡當諾的解法更好用──但卡當諾使用的方法刺激代數的發展，並帶領這個學科超越實體世界的範疇。如果四次方程式能被解開，

從卡當諾那本深具開創性的《大術》一書看來，他應該從其他數學家的著作和想法中得到不少靈感。

卡當諾（1501-1576）

卡當諾出生在義大利的帕維亞（Pavia），是達文西好友法其奧·卡當諾（Fazio Cardano）的私生子。卡當諾的母親懷他時曾嘗試墮胎，而他的三個手足死於瘟疫。歷經許多困難後，他受訓成為醫師，並且是第一位描述傷寒症狀的人，一五四三年他在帕維亞成為內科教授，一五六二年改至波隆納執教。

除了醫生的身分之外，卡當諾也是當時頂尖的數學家，他所出版的《大術》中有關於三次與四次方程式的解法，這確保了他在歷史上的地位，而且他也是第一位出版關於機率研究相關著作的人，比巴斯卡與費馬早了一百年。

卡當諾的私生活也多采多姿，當然跟他對機率的興趣有關。他總是缺錢，而賺取收入的方法是賭博和下西洋棋，他將機率知識應用於賭博上，其書中甚至有一節論述如何有效地作弊。

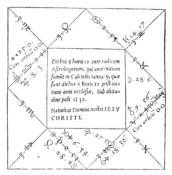

卡當諾的耶穌基督星座圖為他惹出許多麻煩，位在上升天秤宮的慧星可視為伯利恆（Bethlehem）之星，而位在雙子宮的雙子座 α 星則象徵著耶穌基督的一生命運多舛。

卡當諾並非一生順遂，他最疼愛的兒子在一五六〇年因為毒死妻子被處死刑，而一五七〇年時，他被指控為異教徒並被判了幾個月的刑，只因為他計算耶穌基督的星座，而且他還因此失去在波隆納大學的教職及出版著作的權利。他在他預測的日期去世，但也有可能是藉由自殺來實現他的預言。

為什麼五次、六次甚至更高次的方程式不行呢？突然間，代數問題不再需要和我們所熟悉的三維實體世界相連結，為了數學的進展，至少理論上我們能假設出更多維度的空間。

對跟卡當諾同時代的人而言，多維度的空間觀念是很荒謬的，只有那些喜歡探索奇怪數學問題的人才會有興趣。然而幾世紀之後，它們終究有了自己的天地。藉由開啟代數的可能性，並將代數幾何學延伸至三個維度以上，卡當諾為後世數學家奠定了基礎，黎曼因而發展出他的幾何學，愛因斯坦則因此能以四維度的空間－時間連續性，來重新為宇宙建立模型（見 113 至 117 頁）。

代數的時代

在歐洲，代數的黃金時代於卡當諾出版三次和四次方程式解法之際揭開序幕，在這黃金時代，負數和複數的合法化、直角座標系的發展、解析幾何學中代數和幾何的結合，以及積分學都有相當程度的進展。

英國數學家在長時間缺席之後，再次發展他們自己的數學，但仍無法與義大利、德國和波蘭的數學家並駕齊驅。此時一些數學家也開始用他們自己熟悉的語言著述，不再使用拉丁文。

進入複數

在卡當諾－塔爾塔利亞的三、四次方程式解法出現不久後，義大利數學家邦貝利（Rafael Bombelli, 1526-1572）率先引入與複數（複數與 -1 的平方根 i 有關）相關的運算。

為了計算立方根，邦貝利使用以虛數為根的方程式，作為導出最後實根的一個中介階段，他將此方法稱作「一個狂野的想法」。雖然這個方法並沒有給予他實質的幫助，但是，它確實預示了複數未來在代數領域的重要性。

處理數字和記號

儘管數學研究至十六世紀時已大有進展，但卻仍然沒有一套代數學家和三角學家皆廣泛使用的十進位制小數記號。當芮提克斯雄心勃勃著手進行他的三角函數表時，為了達到預期的正確性且不涉及任何形式的分數，他使用了邊長為 10^{15} 單位的三角形（因為他並沒有真正畫出實體的三角形，所以不用太在意單位，這只是一項建議）。

韋達（François Viète，見次頁）是業餘數學家，卻在許多領域有所貢獻，包括算術、三角學、幾何學與最重要的代數學。他的貢獻之一是修改了標記符號的方法，讓數學因此能進一步發展，這亦有助於發揚十進位制、捨棄六十進位制。韋達最重要的貢獻在於為代數學建立一致的符號，這也幫助他有系統地思考並發展出一套處理一般方程式的新方法。他採用母音字母代表未知數，以子音字母代表已知數，並展示如何藉由在方程式兩邊乘上、除去相同的量來改變方程式，例如，他示範了將下列方程式：

$$x^3 + ax^2 = b^2x$$

等號兩邊各除以 x，就能變成：

$$x^2 + ax = b^2$$

韋達也無法認可負係數或零係數，所以沒辦法將潛在的方程式類型縮減到每個階數都只有單一形式（我們之所以可以將任何二次方程式以標準式 $ax^2 + bx + c = 0$ 表示，是因為我們接受 a、b、c 可為負數或零，所

韋達（1540-1603）

韋達是法國數學家，同時是胡格諾教派（Huguenot）支持者。受過法律的教育後，成為不列顛（Breton）議會的成員，後來成為國王政務會（King's Council）的一員，為亨利三世（Henri III）和亨利四世（Henri IV）服務。他精通於破解法國攔截到的密碼，他在這方面表現非常亮眼，以至於西班牙人控訴他與惡魔結盟，並向教宗抱怨法國人使用黑魔法來幫助他們贏得戰爭勝利。

韋達在好幾個數學領域都有其貢獻，但都是利用閒暇時間研究。因為富有，他自費出版許多自己的論文，在一五八〇年代後半段，他對法律不再感興趣，有將近六年時間，韋達幾乎全心全意地專注在數學研究上。後世考證發現，早在十二世紀時，阿爾·圖西就已發現了與韋達相同的解法來求方程式的近似根。

以此標準式包含了像是 $x^2 - 7 = 0$ 之類的方程式，其中 b 為零，c 為負數）。

　　一套好用又一致的記號對代數發展極為重要，其重要性即便用再多的詞彙來描述也不為過。然而，韋達的貢獻不只這樣而已，他還找出了三角函數的倍角公式，也是第一位使用正切定理的人（雖然他並未公開發表），並且是第一位了解到無法簡化三次方程式時可以利用三角函數來解題的人。他同時也是最先提出 π 的理論上精確的數值表示式之數學家：

$$\frac{2}{\pi} = \sqrt{\frac{1}{2}} \times \sqrt{\frac{1}{2} + \frac{1}{2}\sqrt{\frac{1}{2}}} \times \sqrt{\frac{1}{2} + \frac{1}{2}\sqrt{\frac{1}{2} + \frac{1}{2}\sqrt{\frac{1}{2}}}} \cdots$$

　　雖然這個作法並不新穎，卻是史上第一次以解析的形式表示無窮級數。代數和三角學此時都逐漸把焦點轉移到無限上，同時關注著無窮大數和無窮小數。

　　一群才華洋溢的數學家活用自身能力把代數的發展帶往新方向，數學發展因而更為快速，法國數學家阿爾伯特·紀拉德（Albert Girard）領悟到方程式中根的個數決定於方程式的階數，所以，二次方程式有兩個根，三次方程式有三個根，其餘同理。他能有此突破，是因為他對負數根與虛數根的存在抱持著開放的態度。英國人哈里奧特（Thomas Harriot, 1560-1621）引進符號「＞」和「＜」，分別代表「大於」和「小於」，一五八五年時他受沃爾特·雷利（Walter Raleigh）爵士之命前往美國擔任考察員，成為第一位踏上美國土地的知名數學家。法蘭德斯數學家斯特芬（Simon Stevin,

1548-1620）在提倡十進位分數方面比韋達更有影響力，他也極力促成重量與測量系統改成十進位制，但在兩百年後才實現。斯特芬所採用的次方符號與現在使用的相似，以右上方圓圈中的數字表示次方數，所以，5^{②} 代表 5^2，他甚至使用分數次方來代表根數，所以，5$^{1/2}$ 代表 $\sqrt{5}$。但是，斯特芬終究是講究實用的數學家，因此他也不考慮任何複數。

合法的事情就夠研究了，毋須為了無法確定的事物而忙碌。
　　　　　　　　　　　——斯特芬，一五八五年

許多最好的數學家此時已有自信能應付代數，包括超過三度實體空間的幾何問題。但他們的信心在一五九三年受到公然的挑戰，當時比利時數學家范羅門提出了一個 45 次方程式：

$$x^{45} - 45x^{43} + 945x^{41} - ... - 3795x^3 + 45x = K$$

解出此題並不需要 45 度空間的概念。當一位大使在亨利四世的宮廷中說：「沒有任何法國人有能力解出此方程式。」時，韋達挺身接受挑戰並成功解開它。

代數幾何的方法

韋達的解法中牽涉到正弦，並使用倍角公式導出。為了提供一套一致的符號系統來表示代數方程式，他提出兩種解題法：幾何方法與代數方法。藉由將三角學引入代數中，他開擴了此學科的視野，並提倡代數與幾何的結盟。韋達不認為數學是一個個獨立發展的小領域的統稱，事實上，他是將數學當作一個整體來看待的先鋒之一。

一五七二年，邦貝利的《代數學》（Algebra）一書中呈現了許多以代數方法解答的幾何問題，例如他先以代數解出三次方程式，再利用幾何方法論證他的答案（然而，後者並未出現在此書的刊印版中，且直到一九二九年才重見天日）。七十五年後，笛卡兒也將幾何問題轉換成代數的形式以求最簡化，之後再回到幾何學來找出最後解答，他的解析幾何學完成了從阿波羅尼奧斯時代就開始的數學之旅（當時的阿波羅尼奧斯提出圓錐曲線能用來呈現二次方程式）。

十七世紀的數學巨人

十七世紀前半葉，是自柏拉圖學院以來數學家們之間交流最頻繁的時期，在許多的

一五七九年版的《代數》封面，按計畫此書應有五卷，前三卷於一五七二年出版，但在完成最後兩卷前，邦貝利就過世了。

國家，數學社群與其他學術社群並列成長，如雨後春筍般出現。英國的數學社群有一個迷人的名字「隱形學院」（Invisible College）；而在法國，梅森神父（Father Marin Mersenne, 1588-1648）促進了好幾百個數學家、科學家和博學之士之間的交流，他就像是知識傳遞的導管，是早期學術網絡的領袖，而這也意味著他使數學家們各自研究的成果保留下來並對彼此造成影響，刺激了學術發展。梅森神父亟力調和不同的意見，至少讓數學家們有機會能了解彼此研究的內容，在此穩定的學術累積過程中，現代數學的基礎因而奠定。而於此發展過程中，還有兩位法國人扮演了領導者的角色。

這兩位傑出的人物都不是職業數學家，笛卡兒（見 136 頁）出生於法國地位較低的貴族家庭中，他的哲學家身分比數學家身分更出名，他對於解析幾何學的解釋出現在他哲學著作《方法論》（*Discourse on Method*）的附錄中。費馬（見 137 頁）是位律師，後來當選議會議員，業餘時間才投身於他熱愛的數學中，然而儘管投注在數學的時間有限，他的能力便讓他足以與笛卡兒齊名。

梅森神父將傳播科學知識視為他身為信徒的職責。

代數與幾何的結合

笛卡兒發現不論是幾何或代數都無法完全滿足他，因此，他設法將兩者結合以求完善。他將方程式中的量視為線段，因此免除了在研究高次方程式時的理解障礙；而不同於希臘人的是，他也處理在等號兩邊有不同次數的方程式：若是希臘人就絕不可能允許類似 $x^2 + bx = a$ 的方程式存在，因為在等號左邊的部分被視為面積，右邊的部分被視為線段，希臘人認為面積和線段不可能相等。

笛卡兒改善了韋達的記號，使用字母表開頭的字母（a, b, c）當作已知數，尾端的字母（x, y, z）當作未知數，並將數字往右上方提高表示次方，且利用我們現在所使用的符號作為運算符號，唯一的不同只有等號，他並未採用雷科德發明的一對平行線來當作等號。

笛卡兒指出，一個點在平面上的位置能從該點與兩條當作測量基準的相交軸之間的關係來確認，自此發展出我們現在熟知的笛卡兒座標系（Cartesian system）。雖然他使用的所有代數記號都類似我們現在所熟悉的

笛卡兒

他在《方法論》中提出知識必須透過理性才能獲得，他堅持感官知覺並不是了解周遭世界的可靠依據，我們不能藉以獲得真實資訊，他的名言「我思故我在」闡述了他認為的少數幾樣我們可以仰賴的事物：理性思考、神與物質世界的存在。思想和肉體的分離性是另一個他關注的概念，他認為自由意志至高無上，並採用反喀爾文教派的觀點，認為救贖來自於自由意志，而非僅僅出自神的恩典。

笛卡兒體弱多病，瑞典的克里斯蒂娜女王（Queen Christina）邀請他到皇宮教她哲學，並且要求他每天早上五點起床，他很快就屈服於斯堪地納維亞半島的冬天，不久後辭世。

笛卡兒出生在法國的圖賴訥（Touraine），母親在他一歲時就過世了，父親再娶並且搬到別處，將笛卡兒托給親戚照顧。他受法律訓練，於一六一六年獲得學位，接著到各地旅行。一六一九年，他在波希米亞發展出解析幾何。

笛卡兒與神祕組織玫瑰十字會（Rosicrucian）有共同的看法與行為，就像其他正式的信徒一樣，他移居頻繁、總是獨居，並免費行醫，但是，他不相信他們的神祕信仰，反而宣揚宗教的寬容，並且在他的科學和哲學作品中擁護理性。

笛卡兒因其主張而被稱為現代哲學之父，

瑞典克里斯蒂娜女王的肖像版畫，她不合理的教學要求加速偉大哲學家笛卡兒的死亡。

系統，他依方程式繪製出的圖表卻與我們現在的不完全相同，因為在他的圖形中，他從來沒有使用過 x 的負數值。由相交於（0,0）的兩軸區隔出四個象限的平面座標系，是後來牛頓引進的。此外，笛卡兒座標系兩軸相交的角度並非總是直角。笛卡兒相信任何具

費馬（1601-65）

費馬出生在巴斯克（Basque）地區，主攻
法律，之後轉研讀數學，與笛卡兒各自獨
立發展出直角座標系統來定義點的位置。
費馬的研究範圍廣泛，在曲線方面，他發
展出一個與積分相似的方法來測度曲線
下的面積，並且延拓拋物線的定義。他也
研究數論並和巴斯卡通信討論這個題材，
數論是他唯一與其他數學家交流的學問。
他是一位神祕的遁世者，通常只和梅森神
父通信連絡（見 135 頁）。
費馬是當時最多產的數學家，但因為不太
願意公開著作，所以他在世時極少因為研
究而受到推崇。

費馬的肖像版畫，取自一八七○年的《偉大科學
家的傳記》（*Lives of the Great Scientists*）。

有 x 和 y 的多項式都能夠以曲線表達，並能
用解析幾何來研究。

在笛卡兒研究解析幾何的同時，法國人
費馬也差不多在做同樣的事，兩人各自獨立
做出可相互輝映的結果。費馬強調任何 x 和
y 之間的關係都可以定義成曲線，他將阿波
羅尼奧斯著作用代數方法重新建立，目標是
恢復一些阿波羅尼奧斯已佚失的著作。笛卡
兒和費馬都提議使用第三軸來塑造三度空間
的曲線，但這方面的研究直到十七世紀晚期
才有所進展。

不論是笛卡兒或費馬，都沒有試圖廣
泛宣傳自己的著作。笛卡兒確實曾出版他的
著作，並使用法文書寫以求更多人能夠閱讀
他的作品，但他並未詳細解釋他的學說，
因此，他的著作對大部分人而言難以理解。
或許是因為想將不夠認真看待的讀者排除在
外，也或者是想要為他的讀者留一些自己探
索的樂趣。然而，不論他的意圖為何，顯
然都無助於讓他的洞見散播出去。不久之
後，他在書中加入了一篇匿名的導讀來幫忙
解說，而一六四九年時，凡司頓（Frans van
Schooten, 1615-1660）出版了拉丁文版，其
中附有內容的解釋評註。

比起處世低調、拒絕出版的笛卡兒，費
馬在作品宣傳方面的表現好一些。費馬一生

英國普林斯頓大學的教授安德魯·懷爾斯證明出費馬最後定理，並在二〇〇〇年獲得爵位。

中大都是透過梅森神父的穿針引線才得以宣揚他的想法，事實上，費馬只有出版過他其中一項發現，是關於晦澀難懂的半三次拋物線（semicubal parabola）求長方法（一個計算曲線長度的方法）。

費馬的最後定理

　　費馬在現代最有名的定理稱為「最後」或「最偉大」定理，他在丟番圖《數論》複製本的書頁邊緣寫到，當 n 大於 2 時，下列方程式無解：

$$x^n + y^n = z^n$$

　　他還加上「我已經發現能證明這道題目最美妙的方法，但是因為這裡空白處太小了，我寫不下」，費馬的證明就此佚失，讓後世數學家在接下來的三百多年為了證明此題勞心勞力、尋尋覓覓。由於這個命題很容易理解，所以許多人都試著求解，但直到一九九四年才由英國數學家安德魯·懷爾斯（Andrew Wiles, 1953- ）證明出來。懷爾斯利用橢圓曲線來證明費馬的最後定理，他從小時候聽到這個定理時就開始試著解題，並持續不輟直到他拿到數學學位，之後他放棄了好一段時間，直到了解到這個定理跟自己研究的曲線理論有關，才再度回到這個問題。他的證明非常複雜，不太可能與費馬宣稱自己發現的證明完全相同。

這世界，永遠都不夠

　　笛卡兒在座標平面上定義出一個點的位置，並依著方程式在座標平面上畫出圖形。此舉使代數和幾何連結在一起，也讓日後的代數幾何學有辦法進入新的未知維度空間。

　　任何二維的圖形皆能藉由給予其頂點（角）座標來表達，每個點都有兩個座標數值，這個原則能夠輕易延伸到三維空間，給定三個座標數值我們就可以定義三維空間中的一個點。這也讓我們能輕鬆算出各點之間的不同，在一個二維系統中，當兩點的座

標為（a, b）和（c, d），我們可以使用畢氏定理計算兩個點之間的距離，藉由想像出一個三角形，將所知的兩點視為斜邊的兩端，如此一來這個線段的長度便是兩點之間的距離，也就是 $\sqrt{(c-a)^2+(d-b)^2}$。此公式可以加以延伸到三維空間中，（a, b, c）和（d, e, f）兩點的距離就是 $\sqrt{(d-a)^2+(e-b)^2+(f-c)^2}$。但這種方式能延伸多遠？我們能利用它處理四個座標所定義的四度空間距離嗎？或更甚之，延伸到 26 度空間？或 4,519 度空間？我們可能會就我們所知的空間觀對此加以反對，因為我們無法看到四度空間或任何更多維度的空間，但是我們對多維度空間的看法，可不是數學家在乎的事情。

多維度空間的用途是什麼呢？如果我們不再受限於實體世界，那麼這些理論上存在的多維度空間就確實相當有用。我們時常會繪製有兩個變數的圖表，例如：速度和時間；溫度與成長率。但在真實世界中，許多情況所牽涉到的變因遠超過兩個，如果我們追蹤的是天候狀況、某公司的股票市場表現或人

口死亡率，就必須把更多變數考慮進去。藉由將七、八、九個變數配置在同一份資料上，我們就可以想像出（不必視覺化）一幅有七、八、九個維度的圖，由此我們便能測量和預測這些變數，而不需要畫出真正的圖形來，因為代數無須圖形也能計算。而事實上，這些變數就暗示著多維度的概念空間是可能的，包含了這些變數的圖形就存在於多維度的空間之中。

科赫雪花

不規則的碎片形狀在幾何學上也是可能的，而這方面最有名的模型是科赫雪花（the Koch snowflake），由瑞典數學家科赫（Niels von Koch, 1870-1924）發現。科赫雪花是最早被定義的碎形例子之一。

畫個正三角形，將每一邊分成三段等長，以每一邊中間的線段為新的邊，往外畫出新的正三角形，然後塗掉原先正三角形的

我們已知四度空間的存在，但要想像出比四度空間更高維度的空間是很困難的，不過，代數卻可以幫助我們進行任何維度的運算。

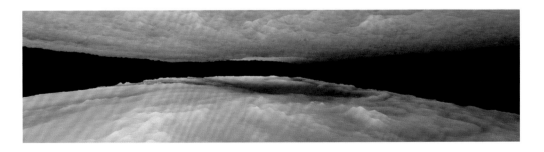

中間線段。繼續這個動作,最後形狀會像一片雪花。

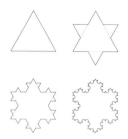

繼續這個動作無限多次是可能的,最終得出的圖形面積可以用下列這個公式表示:

$$\frac{2\sqrt{3}}{5}s^2$$

其中 s 為原本正三角形的邊長。此圖形的周長是無限大的,然而這個圖形是以無限的周長圍住一塊有限的面積。

若將此步驟應用在一條線上而非用在三角形上,則當新的線段越來越小時,結果就會接近一條曲線,這個曲線稱為科赫曲線(the Koch curve)。

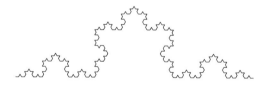

這條曲線的長度是無限的,每一個步驟會使總長度增加三分之一,所以經過 n 個步驟後,總長為 $(4/3)^n$。科赫曲線並不屬於一度空間的線段,由於它是無限長,因此其上的任何區塊的線段長都無法測量,然而它並未包圍任何一塊區域,所以也不是兩個維度,它被認定為具有 log4 / log3 ≒ 1.26 的碎形維度(fractal dimension),大於直線但小於平面區域(碎形維度也稱為豪斯多夫維度〔Hausdorff dimension〕,命名自現代拓樸學〔topology〕的奠基者之一)。

其他的碎形

碎形是無論大的架構或其中某一區塊,都由相同或相似的幾何形狀,以同樣的模式延伸發展而成,所以,如果就近觀察它的架構,就會發現它的每一部分都(至少近似地)是整體縮小後的形狀。自然界中有許多接近碎形的例子,像是雪花、樹、銀河和血管分布。若用標準歐幾里得的幾何學觀點來看,碎形實在過於不規則且難以描述,所以一般被認為具有豪斯多夫維度,與正常的拓樸維度不同。碎形的產生通常是從空間填充(space-filling)演算法的概念發展而來,謝爾賓斯基三角形(Sierpinski triangle)就是一個例子:從一個簡單的三角形出發,將原三角形邊長的中點連線為新的三角形,再取新三角形邊長的中點連線為第三種三角形,繼續這個步驟無限多次,生成的模式在任何倍率的情形下都相同。波蘭數學家謝爾賓斯基(Waclaw Sierpinski, 1882-1969)於一九一五年提出此三角形的概念,將其視為一種數學定義下的曲線而不是幾何圖形。它

的豪斯多夫維度為 log3／log2 ≒ 1.585。

> 雲不是球形，山不是錐形，海岸線不是圓形，樹皮並不平滑，閃電的行進也不是一直線。
>
> ——曼德博

最為人所知的碎形是曼德博集合（Mandelbrot set），由波蘭數學家曼德博（Benoît Mandelbrot, 1924-2010）提出，是包含複數的二次方程式所形成的一系列幾何圖形。

曼德博整理了先前碎形的例子，賦予「碎形」（fractal）之名，並且定義它們的生成條件。他探究碎形在自然世界和人為系統（像是經濟學）裡的出現狀況，並認為碎形是一種常見的模式，比歐幾里得幾何學中的任何簡單圖形更常出現在生活中。碎形能夠表現真實宇宙中的「粗糙」特性，而歐幾里得幾何學處理的是平滑性質，但是平滑性質很少出現於自然界。曼德博曾提出一個宇宙模型，其中的星星呈現碎形分布，這將使奧伯斯悖論（Olbers' paradox）不需要大爆炸（Big Bang）理論支持才能成立，雖然奧伯斯悖論並沒有排除大爆炸發生的可能。（奧伯斯悖論認為夜晚的天空雖然是黑的，但照理說應是明亮的，因為不論看向哪個方向，我們都會看到星星。這是一八二三年由德國天文學家奧伯斯〔Heinrich Olbers, 1758-1840〕所提出，但最早注意到的其實是克卜勒）。

一般而言，碎形雖始於方程式，但以幾何圖形呈現會最容易理解。

繼續前進

有了碎形之後，線段可以擴張到無限長。但即便沒有無限長線段所帶來的複雜問題，笛卡兒和費馬所研究的圖形很快就使人們有了計算曲線下的面積和曲線長度的需求。為了處理這些問題以及後來計算碎形，人們持續探索、發展無限的概念。十七世紀晚期，無限的概念於焉成形。

曼德博——碎形幾何學之父。

第六章

掌握無限

　　在處理多邊形和多面體時，以幾何方法算出面積和體積綽綽有餘，但當面對曲線形面積、體積甚至更具挑戰性的黎曼幾何曲面和碎形時，這種舊方法就力有未逮了。

　　早期計算不規則形狀的面積和體積時，通常是將面積和體積分割成小塊的規則形狀，再把各部分加起來。歐多克索斯和阿基米德早在兩千多年前就說明過這種方法的重點，但只要數學家仍被無限的概念阻礙而止步不前，深入的發展與應用便不可能發生。十七世紀晚期，終於出現一套有系統的方法可以用來解決這些問題，在解析幾何學面世的同時，這套新方法—微積分—也由兩位當代最偉大的數學家個別發展出來。

遼闊的海洋是地球上一種無限的象徵。

與無限共處

　　圓周率 π、e、$\sqrt{2}$ 等無理數都是無窮級數，我們可以繼續將它們修正到小數點後非常多位，但終無到盡頭的一天。無限大和無限小兩者已經困擾數學家長達兩千年，希臘人不喜歡無理數或許是因為希帕索斯證明無理數的存在後就被謀殺了。但到了十七世紀，數學家逐步接近無限，進而擁抱無限。這些觀念和數字最後證明是很有用的，數學家探索無限並非只是為了反抗一直以來深植人心的期望與信念。

早期的先驅

　　阿基米德所採用的圓面積計算方法（並因此得出圓周率 π 的值），是靠計算圓內接正多邊形與圓外切正多邊形個別的面積，進而得到圓面積的上界與下界極限，隨著正多邊形的邊數增加，圓面積的準確度也會提升。在此，阿基米德面臨兩個問題，而這兩個問題也成為日後相當重要的概念：極值和無限。而完美的圓之面積便等於無限多邊形的面積。圓當然可稱為有無限多邊的多邊形，圓內接正多邊形與圓外切正多邊形最終就會在此無限多邊形的地方相遇，當邊數趨近於無限大時，兩個內、外接正多邊形的面積與圓面積之間的差異會趨近於零，而

此圖繪於一六二〇年。在這幅時代錯置的畫像中，阿基米德遭遇了無限和極值問題，數學家直到近兩千年後才有辦法應付這兩種問題。

極限值也會一致。

　　將圖形細分成很多薄片來計算面積或體積的這個方法，對阿基米德來說並不新奇。

紙的重量

一如阿基米德發現可用排水法來測量不規則形狀的體積，伽利略則發現可以用類似方法解出曲線下的面積。由於缺乏計算面積的幾何和代數工具，他將曲線圖形繪製在紙上，再把它剪下並秤重，比較剪下的紙與原來那張紙（已知其面積）的重量，他就能夠算出曲線下的面積。

在其兩百年前，德謨克利特就駁斥了這種看法，認為這種想法違反邏輯，因為如果薄片可以無限薄，薄片之間便沒有差別，如此一來每一個金字塔就會變成立方體。安提豐發展出「窮舉法」（但這個詞其實在一六四七年才首度使用），歐多克索斯（加以修正使此法更為嚴謹。這個方法利用容易計算的已知面積來推論想要計算的未知面積，接著證明這個未知面積不大於也不小於已知面積（所以兩面積相等），這是非建構性的證明方式，因為在證明之前就必須知道答案。

十七世紀，數學家開始比較認真看待無限大和無限小的問題，因此建立起適於此窮舉法的代數公式，最後以積分學的形貌面世。不過，如果沒有解析幾何的發展、沒有對極限的嚴謹認知，這一切就不會發生。

十九世紀的版畫，描繪了德謨克利特與他的直尺、圓規和地球儀。

走往正確的方向

十六世紀下半葉，科學與力學如奔流般快速發展，為區域面積、體積及速度等帶來計算方法的新刺激。德國科學家克卜勒和法蘭德斯工程師斯特芬（見26頁）都致力於研究如何將不規則圖形分割成非常細的薄片來運算面積，兩人皆從應用的觀點著手，以解決特定的問題。斯特芬使用此法來解決固體重心的計算問題：他藉由在三角形內畫出內接平行四邊形找到中線，而三角形的重心會落在中線上。

克卜勒有個更加有趣的問題：付一桶葡萄酒的費用時，其價格是根據酒桶內的酒量而定。但這是由量尺測量的，毫不考慮酒桶面的曲度，只有在酒桶恰好全滿或半滿

時，量尺才能量出酒量的正確體積，因為酒桶的中圍比頂部或底部都來得寬，如果酒桶的滿度是四分之一（以高度而言），其酒量就比全滿的四分之一還要少，因此克卜勒若付給酒家四分之一的滿桶價格，就等於被欺騙了。克卜勒提出將酒桶切成無限多個薄圓片，然後將這些面積加總起來做為計算實際體積的方法。事實上，他在天文學上的研究也需要測量曲線路徑下的面積，但是，酒桶

「無限大」和「無限小」超越我們的有限認知。前者是因為它們太巨大；後者是因為它們太渺小──想像一下當兩者結合在一起會有什麼結果。

——伽利略，一六三八

問題更容易令人信服。

伽利略曾經提過他想要寫一本探討「無限」的專書，但他是否曾真的動筆就不得而知，因為並沒有相關著作留傳下來。他確實有留下幾段文字提及無限大和無限小的面積、體積計算，但從內容看來，他當時仍在跟這些概念的奇怪邏輯努力搏鬥。

伽利略最有趣的觀察之一，預示了十九世紀的集合論發展，他發現每個整數都可以平方，由於有無限多個整數，因此也有無限多個平方數，「我們必須這麼說，有多少個數字，就有多少個平方數。」然而，無限多的平方數個數有可能比無限多的整數個數還要多嗎？想到這個問題的他就此已逐漸了解到無限集合的一項特徵：部分集合可以等於全部集合──但可惜他從這個結論後退了一步，反而說：「『等於』、『大於』和『小於』的屬性不適用於無限，只適用於有限量。」

無限分割的集大成者是義大利人卡瓦列里（Bonaventura Calvieri, 1598-1647），他整合自阿基米德到伽利略時代各種關於無限的研究。在一份一六三五年出版的書籍中（但在六年前就已提出他的主張），他解釋了他的不可分割法（the method of indivisibles），此幾何方法相當費工，因此很快就被更好的方法取代了，但他所得出的結果令人印象深刻，等價於五十年後就發明出來的微積分。

微積分的崛起

微積分的發明是數學史上最重要的轉捩點之一，它接手了困擾數學家兩千年的問題，並為我們開啟了全新的視野。

關於微積分的種種

微積分（calculus）提供測量變化率的方式，並且能測量變化所帶來的影響（拉丁文中的 calculus 是指用於計數的小石頭），以兩個彼此可逆的部分組成：微分和積分。微積分基本定理是微分與積分互為逆運算，若先微分再積分，就會回復成原本的式子，反之亦然。

微分與積分都是求近似值的必要方法，而且目標是使誤差（近似值的不準確性）趨近於零，這個原理用範例說明會比較容易理解。

「微積分」（calculus）過去被稱為「無窮小量的計算法」（the calculus of in.nitesimals），現在常用於處理單靠代數無法處理的複雜問題。

回到阿基里斯和烏龜

芝諾的悖論——如果烏龜先走，阿基里斯就永遠追不上烏龜（見76頁）——可以用微積分表示（但是無法解決）。

用 d 代表從起跑點開始烏龜已走的距離，t 代表經過的時間。根據時間和距離的對應關係，我們會得到數列 t_1, t_2, t_3,⋯和 d_1, d_2, d_3⋯。烏龜移動的速度是距離和時間的函數，烏龜在不同的位置時，我們可以給予變化率，例如經過 t_1 到 t_2 這一段時間，牠的速度是：

$$\frac{d_2 - d_1}{t_2 - t_1}$$

如果起跑 15 秒後烏龜的位置在 3 公尺處，20 秒後在 4 公尺處，那麼牠的速度便是：

$$\frac{4-3}{20-15}$$

即每秒 $1/5$ 公尺。

當距離和時間的關係是常數時，烏龜移動的圖形就會顯示為一直線，而若烏龜以穩定不變的速度前進，速度對時間的圖形則會

是一條水平直線。

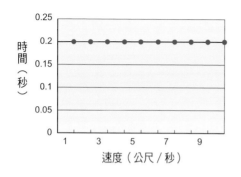

圖中線下所涵蓋的面積就是距離，即速度乘以時間，在這個例子中很容易計算（d = 0.2t）。而速度的變化率（加速度）就是直線的斜率。在此例子中，直線是水平的，因為沒有加速度，也就是這隻烏龜的行進是等速運動。

現在假設給了烏龜一台機車，不再是等速運動，烏龜可以加速至機車的最大速限，第一部分的速度圖形會看起來像下圖：

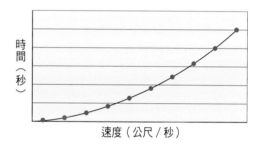

這個情況比較複雜，首先，為了算出烏龜行進的距離，我們需要知道線下所涵蓋的面積，但這並不容易計算；第二，為了找出任一特定時刻的加速度，我們需要測量曲線上該點的斜率。解決第一個問題需要積分，解決第二個問題則需要微分。

積分

積分學可用來計算曲線下的面積，方法是在曲線下畫出一連串無窮薄的長方形，將這些長方形加起來即可得到面積，非常類似於克卜勒的酒桶薄片（見 146 頁）或困擾德謨克利特的金字塔切片（見 77 頁）。

早期的動力學

法國主教尼可拉斯・奧雷姆（Nicolas Oresme, 1320-1382）大約在一三六一年發現，在速度－時間圖表中，曲線下的面積就等於行進的距離。他曾將動力學問題轉換成幾何學，因此他很可能是第一個將坐標系用於地圖繪製以外的人。

若畫出一連串長方形，接著畫出通過長方形頂邊中點的一條曲線，我們便可利用這些長方形算出曲線下面積的近似值：

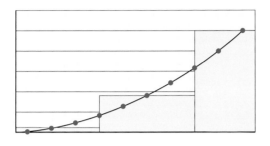

這條曲線會把每一個長方形的左上半部切掉，但在曲線下、長方形的右上半部仍有些餘未覆蓋空間，如果將切下的部分翻轉，便會與右上方未覆蓋處的面積非常契合。長方形越小，就會和曲線越契合。

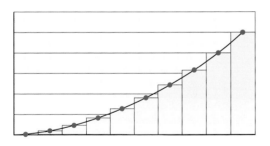

當長方形的數量趨近於無限大時，所計算的面積（長方形面積的總和）便會越趨近曲線下的真正面積，這個面積是函數 f（t）的積分，積分可以寫成：

$$\int_a^b f(t)dt$$

其中 a 與 b 是我們所要處理的時間 t 的上下界（圍住所要計算的面積），dt 則表示極小的時間變化。

微分

一段時間的平均加速度（在速度－時間圖表上）是指這一段時間之間起點到終點的直線斜率，這一條斜率線稱為割線（secant）；瞬間的加速度則是指曲線上某一瞬間的斜率（或曲線的切線斜率）。

微分學藉由計算一段極短時間的割線斜率，來得出曲線斜率的近似值，這段極短的時間稱為 △t，念作 delta-t，delta 這個希臘字母一向用來表示很小的數量。

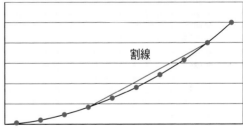

在這個例子中，割線畫在兩個點之間。

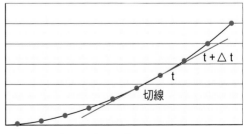

在這個例子中，切線與曲線相切於一點。

時間 △t 是段極短暫的區間，當 △t 越來越小時，所產生的斜率便會越來越正確，

但我們永遠無法得出一個點的確切曲線斜率，因為不可能使 Δt 變成零，然而當 Δt 趨近於零，精確度就會接近於完美狀態。這裡需要介紹到極限（limit）的概念：當 Δt 趨近於零時，函數的極限值便會趨近於所要求的值（在此即瞬間加速度），而這就是微分的過程。

差一點而錯過

費馬在研究解析幾何時，曾提及曲線切線與曲線下面積的關係，而這後來成為微積分理論的基礎。在他導出的式子中，切線與面積的關係與我們現在所知相反，但費馬沒注意到這點，而且也沒有任何證據顯示他曾繼續研究它或試著解釋它。

巴斯卡也差一點就成為率先發現微積分的人。巴斯卡對數學的興趣非常廣泛，他常從這個主題跳到另一個主題。但在投入宗教之後就放棄了數學，並過於早逝。後面這兩個原因也進一步使他喪失了發現微積分的機會。巴斯卡研究正弦函數的積分時是如此接近微積分的發現，後世的萊布尼茲便曾提及是巴斯卡的著作，指引他找到研究微積分的方向。

看到前進的方式

隨著解析幾何學的發展，利用代數來描述物體的運動變成可能。古希臘人早已提過曲線可視為動點路徑（軌跡）的看法。代數幾何則提供了描述此軌跡的工具，藉由方程式描述軌跡成為方程式的形成，從而延拓了不同型態運動所產生的曲線形狀，並且辨識了具有預測值的模式，例如卡瓦列里注意到定義為 $y = x^2$ 的拋物線，在 x 軸上 0 到 a 的區間內時，曲線下的面積為 $a^3/3$，同理，若曲線為 $y = x^3$，其所對應的面積為 $a^4/4$。這樣我們很容易就能推測出在曲線 $y = x^n$ 下，可用來表示面積的公式為 $a^{(n+1)}/(n+1)$。

萊布尼茲和牛頓

微積分的基本原則，包括微分與積分，

關孝和（1637/42-1708）

關孝和（Seki Kowa 或 Seki Takakazu）在一六三七年或一六四二年出生於日本，他發展出一個新的方程式記號，可以表示出最高達到五次方的方程式。他使用漢字代表變數和未知數，並發現判別式，使他獲得一些微分上的成果，其時間點大概跟牛頓和萊布尼茲在歐洲發現微分的時間差不多，而在當時，歐洲與日本數學家之間沒有任何通信交流的記錄。（判別式呈現多項方程式中係數之間的關係，例如二次式 $ax^2 + bx + c$ 的判別式為 $b^2 - 4ac$，判別式的值無論是正數、負數或零，都能提供方程式根的關於資訊。）

艾薩克・牛頓爵士（1642-1727）

艾薩克・牛頓出生於一六四二年的聖誕節，因是早產兒身體相當虛弱，以至於家人還為他舉行了臨終聖禮。在牛頓出生前他父親就過世了，三歲時，母親離開牛頓去與她的新婚丈夫同住，將牛頓託給祖母照顧。

牛頓就讀於劍橋大學的三一學院，因為課程的要求，他研讀古典科學，但也閱讀笛卡兒和化學家波以耳（Robert Boyle, 1627-1691）新出版的著作。後來因為瘟疫流行，大學封校兩年，牛頓於是回到家鄉做研究。他發展出關於微積分的主張，將之稱為「流率」（fluxions），但這時候他尚未發表任何的研究成果。瘟疫結束後，

牛頓是第一個發現白光是由彩色光譜所組成的人。

牛頓成為劍橋大學的教授，因此能專注在他的科學和數學研究。他發現白光是由彩色光譜所組成，又制定牛頓運動定律為日後古典力學奠定基礎，並定義了控制自由落體運動的力——重力。他將他的發現出版於《自然哲學之數學原理》（*Philosophiae Naturalis Principia Mathematica*）一書中，此書可能是人類科學出版品中最重要的一本著作。

牛頓受到神祕事物與煉金術的吸引，並且在精神上無法容忍其他學者的對立觀點。在很長的一段時間中，他封閉自己，迴避任何可能造成衝突的來源。專業上的爭論有時會讓他暴怒，進而引發科學界的風暴。

是大約一六七〇年左右由英國科學家兼數學家牛頓以及博學的德國人萊布尼茲（見152頁）各自發現。

　　兩人皆致力於研究如何僅由方程式算出曲線上特定點的切線，切線的斜率（是幾何學用以定義直線的方式）代表著函數的變化率（例如移動中的物體在特定時間的瞬間速度）。兩人也都知道積分是微分的逆運算——將一個式子微分後再積分，會回到原來的函數，反之亦然。這揭露了總值和變化率之間令人驚奇的關係。

　　下列式子表示曲線 $y = x^2$ 之下的面積：

$$\int x^2 dx$$

此記號是由萊布尼茲所創，他將伸長的 s（也就是∫）定義為後面所接式子的總和，以目前這個例子而言，即為 x^2 沿著 x 軸（dx）分割成無窮多個小線段的線段總和。牛頓和萊布尼茲各自重視微積分的不同面向，在使用上也有相當不同的意圖，對牛頓來說，微

積分的好處之一是能夠處理冪級數，即多次方 x 的無限總和，例如：

$$1 / (1 - x) = 1 + x + x^2 + x^3 + x^4 + \cdots$$

他研究出冪級數的計算方法，展示如何微分、積分，以及如何轉化它們。萊布尼茲則對變化所產生的性質與無窮小的總和比較有興趣，他在著作中將連續量視為離散量，

萊布尼茲（1646-1716）

萊布尼茲從幼年開始就自學，後來進入萊比錫大學（University of Leipzig）研讀法律。因為過於年輕，萊比錫大學拒絕頒給他博士學位，他因而離開萊比錫從此沒回去過，而後他隨即在紐倫堡（Nürnberg）獲得博士學位。

接著萊布尼茲移居巴黎，他大部分著作都是以法文或拉丁文寫成。他效力過幾個貴族家庭，同時繼續追求他在數學、哲學和許多科學分支上的興趣。在一趟到倫敦的旅程中，他向皇家學院展示他自己開發的計算機。他並發展被稱為動力學

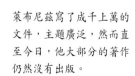

萊布尼茲寫了成千上萬的文件，主題廣泛，然而直至今日，他大部分的著作仍然沒有出版。

的科學的一個分支，探討物體的移動與力的作用的學門。在一六七〇年代，他研究應用力學與工程學，設計並改善了許多種類的機器。在他擔任哈茨山（Harz mountain）的礦場工程師期間，致力於進行採礦技術的提升與地質調查，因此被認為開創了地質學，而他也是第一個提出地球初始狀態是一顆呈熔解狀火球的人。

在一六七九年，他將二進位記號加以完善，這是後來電腦科學的核心概念。他總是樂觀的，並且相信上帝已將最好的一切都創造出來給我們了。

芝諾悖論的核心問題是如何將連續的運動分割成極小的瞬間，但微積分的炫目成就迴避了這項問題。

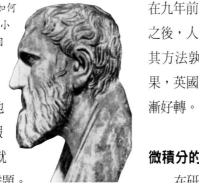

這是萊布尼茲和其他人所忽略的邏輯瑕疵，但事實上這早就是芝諾悖論的核心難題。

牛頓直到一六九三年才出版他的微積分相關發現，而萊布尼茲早在九年前就已經出版他的微積分著作。不久之後，人們開始爭論兩人的發現孰先孰後及其方法孰優孰劣，這些論戰帶來長久的惡果，英國數學故步自封，直到十九世紀才漸漸好轉。

微積分的衝擊

在研究自由落體時，伽利略（他去世那年正好牛頓出生）需要計算落下的物體在特定時間的瞬時速度，對於計算這種類型的問題，微積分是完美的工具。

在牛頓和萊布尼茲之後，微積分已應用在力學、物理學、天文學、經濟學、社會科學等許多領域，為物理學帶來革命性的影響，同時推動數學技巧進一步發展。微積分孕育出一門完整的數學分支，稱為分析學（analysis），專門探討連續變化量。當需要知道大量微小數值的總和時，積分是相當有用的，可用於計算物體以不同速度移動的距離，或車輛燃料消耗量的總和。微分則可用於各種各樣的問題，如模擬流行病的擴散，或制定飛機的飛行路徑以免相撞。

微積分在現代生活中能應用的層面廣泛，甚至可以幫助飛機在天空中建立安全的飛行航道。

不只微積分

　　數學家對無限的概念從未滿意過,而微積分更凸顯了這份掛慮。英國主教喬治‧柏克萊(George Berkeley, 1685-1753)曾經以充分的論述反駁微積分,這項舉動激起大量辯論,促使極限與無限的定義修訂得更為嚴謹,這最終成為微積分進一步發展的助力,同時使分析學茁壯、獨立。

　　柏克萊的反對意見在其後一百多年都沒有得到完整的回應,又過了一個世紀後,邏輯學家亞伯拉罕‧魯賓遜(Abraham Robinson, 1918-1974)終於證明無窮小量(infinitesimal)的概念不僅具有邏輯上的一致性,並且可以視為數。

　　分析學聚焦於連續量的變化,並研究處理變化量時所牽涉的過程,例如極限、微分和積分等,其中微分更是分析學主要的工具之一。藉由將變化率和實際的數值連結起來,便可以(至少在理論上)預測未來的數值,這項優點使分析學成為許多模型和預測的核心,從天氣預報到流行病學,從天文學到流體力學,都能見到分析學的效用。

柏克萊主教在《分析學者》(*The Analyst*)(1734)中回應了他對自然哲學(其中微積分是關鍵)逐漸威脅到宗教的看法。

而如果他將此法應用到兩條不可公度量線段上,演算步驟便永不終止,會演變成一個無限的計算過程,歐幾里得遂以此性質來測試任一數字是否為無理數。

　　為了填補時人在無限與無窮小量問題上的邏輯漏洞(或是在應用時的邏輯推導不夠嚴謹),牛頓和萊布尼茲創造了微積分,他們認為現實世界同時具有離散性和連續性,當數量趨近於極小時,就可以為求方便忽視

利用無限

　　早在古希臘時代,無限的概念儘管困難,卻已經出現在數學中。歐幾里得利用一種輾轉相除法來求得兩個數的最大公因數,

> 而這些流率是什麼呢?……它們既不是有限量,也不是無窮小,更不是無物,我們將之稱為消失量幽靈又有什麼不妥呢?
>
> ——喬治‧柏克萊,一七三四

其存在或省略其後更小的數量。然而,由於
微積分在各領域的使用廣泛,創造了許多成
就,且令人印象深刻,以至於沒有人立刻針
對微積分核心的矛盾提出質疑。

在牛頓和萊布尼茲之後

牛頓和萊布尼茲發現微積分的順序使
數學家爭論不休,導致後來的研究工作兩極
化。在萊布尼茲想出可行的記號後,他的發
現被發揚光大,歐洲大陸成為微積分發展的
舞台。牛頓對幾何學的興趣使得他所使用的
微積分晦澀費解,雖然眾人敬重他的成就,
但由於他出自反感不使用萊布尼茲的記號,
以致在英國只有少數人跟隨他的學說。

在萊布尼茲出版著作的數十年之後,瑞
士兄弟雅各・伯努利(Jakob Bernoulli, 1654-
1708)和約翰・伯努利(Johann Bernoulli,
1667-1748)與萊布尼茲一起引領微積分的

雅各・伯努利(左)與約翰・伯努利(右)出身自才
學世家,他們的家族中有八個數學家!

薩卡瑪葛雷瑪的瑪度華
(1350-1425)

許多人認為來自薩卡瑪葛雷瑪的
印度數學家瑪度華(Madhava of
Sangamagrama)是將分析學視作
一種研究方法的創始者,他建立
喀拉拉數學和天文學校(Kerala
school),這所學校在十四到十六
世紀之間達到全盛。他是第一個
接受「趨近無限的極限值」的人,
也是第一個定義無窮級數的人,
他發現三角函數的無窮級數,同
時提出好幾個方法來計算圓周
長,並找到兩種計算出圓周率 π
的方法,在積分和微分上也頗有
建樹。他的著作並沒有流傳下來,
所以他的成就只能由其名聲來得
知。

發展。伯努利兄弟發展出微分規則、有理函數的積分、初等函數的理論、微積分的力學應用與曲線的幾何性質，事實上，除了牛頓最感興趣的冪級數之外，大部分的古典微積分基礎都是由他們所發展出來的，伯努利兄弟甚至利用微積分來論證牛頓自己也未能充分解釋的平方反比定律（inverse square rule），此定律可應用來計算橢圓軌道上的重力。

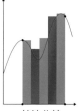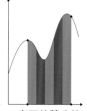

| 內接曲線 | 外接曲線 | 真正的積分值 |

十九世紀中葉黎曼修正積分方法，提出比較內接曲線與外接曲線兩組薄切片的方法，當切片越來越薄時，兩組切片之數值就會越來越接近，最終可發現真正的積分值。

兩難困境

不論微積分多麼好用，其本質上的矛盾並不會因此消失，這些問題遲早要處理，而處理這些問題的過程促使分析學誕生。分析學本身並不是一種計算方法，而是計算微積分時所需的重要邏輯基礎。

評論家曾針對早期微積分的應用提出微積分的兩項困境，當我們開始思考得比牛頓和萊布尼茲更深入時，就必定會遭遇這兩種困境，一種被柏克萊生動描述為「消失量幽靈」（ghosts of departed quantities），另一個可以稱為「瞬間量幽靈」（ghosts of a moment）。連續量其實比離散量更符合真實世界的情況（這令人回想起我們最初提過的差異：計數和測量的差別、算術和幾何的差別，以及在芝諾悖論核心中的連續和離散的差別）。

思考一下任何牽涉到連續變化的系統，例如：水壩上的水流或飛機機翼上的空氣流動，當局部的情形改變時，流動的速率就不是常數。如果想測量每一瞬間的流動速率，就必須導入一些近似值或平均的概念，因為時間間隔總是能夠不斷分割、縮小，只有把時間凝止住，我們才有可能得到正確的測量值，但是，流動的速率與時間息息相關，如果我們凝住時間，流動的速率也會變成零。

可以無止盡分割的不只是時間，舉例來說，當溫度從 2° 變化到 3°，這之間它必經過無限多的中介溫度，甚至連 2° 和 3° 本身也是無限小數，小數點後有無限多個零。若要制定連續量變化的模型，就必須處理這些一閃而逝的值，而這些值必定是無限小數。

無窮量背後的概念與演繹結構，使得數學家在研究微積分時必須全神貫注，同時他們致力於發展出更嚴謹的規則。

當分析學逐漸成為既嚴謹又值得依賴的工具時，數學家的首要之務是解決「消失量幽靈」和「瞬間量幽靈」的模糊性。德國數學家卡爾‧維爾斯特拉斯（Karl Weierstrass, 1815-1897）為級數的極限提供嚴謹的定義，也曾設計一項試驗法則探討級數的收斂性，並因其在函數上的研究成果，讓他成為眾人所熟知的現代分析學之父。利用下列級數：

$$\frac{1}{2} + \frac{1}{4} + \frac{1}{8} + ...$$

若要算出級數的極限，維爾斯特拉斯認為唯一要做的是設立一個可接受的誤差範圍或近似值，稱之為 ε，然後找出這個級數的若干項之和，使其與 1 的差小於 ε，則稱此級數

德國數學家卡爾‧維爾斯特拉斯致力於解決微積分理論的矛盾，並為級數的極限值找出定義。

無窮級數

無窮級數是指有無窮多項的級數，例如：

$$\frac{1}{2} + \frac{1}{4} + \frac{1}{8} + ...$$

上列就是一個無窮級數，每一項是前一項數值的一半。如果我們可以算到第無限多項，就能算出這個級數的極限值是 1，因為如果這個級數有確切的極限值，就會逐漸收斂。有些級數不收斂，例如下列級數便是發散的，因為沒有極限值：

$$1 + 2 + 3 \cdots$$

有些發散的級數則搖擺不定，例如這個在 0 和 1 之間擺盪的數列：

$$0 + 1 - 1 + 1 - 1 + \cdots$$

收斂到極限值 1。這個方法使大家不再需要模糊不清的無窮小量（infinitesimal），因為只要利用滿足條件的實數就可以算出極值。又雖然這個級數逐步收斂至其極限值，卻並非一定得達到其極值以符合維爾斯特拉斯的要求。如今，近似值的上下界可以計算得出來，準確的程度也可以量化，我們不再需要擔憂數量會像以前一樣莫名消失，分析學從此站在一個邏輯性足夠的立足點上。

微積分變成代數學

雖然牛頓和萊布尼茲的微積分源自幾

何，但在十八世紀期間，微積分脫離此根源，變得越來越代數化。幾何曲線變得相對不重要，代數函數則躍居舞台中心，而就在不久後，複數登場。

利用微分可以找出上下界間的最大值和最小值，如果我們畫出一條函數的曲線，則接近最大值的切線會變平坦，而恰好在最大值時，切線會短暫變成水平（斜率為0），接著曲線會下降，斜率變成負的。

由於變化率等價於曲線上的切線，因此很容易就能找出出現最大值與最小值的點，因為他們就在曲線上斜率等於零的地方。而且，在通過最大值或最小值後斜率會反轉，這項特質使我們毋需畫圖，只要找出邊界內所有的最大值和最小值，就可以找出曲線變化的方向。在函數微分後為零的地方，其曲線切線會與 x 軸平行。

微分在呈現指數函數的成長或衰退時也很有用處，如人口成長或放射性衰退，藉由視察特定瞬間的變化率，就可以推論未來（或過去）的走向。

波函數（Wave function）

微積分可用於找出最大值和最小值，這使我們能夠用它來處理各式各樣的波形，從聲學到光學，從電磁學到地震活

動，都需要微積分。最早研究這個領域的學者是英國數學家泰勒（Brook Taylor, 1685-1731），他在一七一四年用數學描述出小提琴弦的振動頻率。法國數學家達朗貝爾（Jean Le Rond d'Alembert, 1717-1783）於一七四六年修改這個模型，用以解釋更多的情形和限制以及不同長度的弦振動性質，他認為波的形式有兩種，分別往不同方向行進。蘇格蘭數學家馬克士威（James Clerk Maxwell, 1831-1879）在探索電磁學時發現三維波動，使他預測出無線電波的存在，因此無線電、電視和雷達之所以能夠發展出來，都是仰賴早期對於樂器波形的分析。

瑞士數學家歐拉接續聲音傳播的深入研究，在一七四八年發現極重要的三角函數級數（trigonometric series）。一八二二年，法國數學家傅立葉（Joseph Fourier, 1768-1830）發現三角函數級數能用來定義金屬棒上的熱傳導，進而發展出傅立葉分析（Fourier analysis），幫助他發現任何初始溫度所需的數值以建立熱傳導模型。傅立葉分析可用於分析複雜、合成的波形，能將它們解體，呈現出構成

在愛丁堡念書時，馬克士威的綽號為「小呆瓜」（Dafty），但他的研究成果足以和任何一位偉大的物理學家匹敵。

歐拉（1707-1783）

瑞士數學家和物理學家歐拉（Leonhard Euler）大部分的時光都待在德國與俄羅斯，他比任何一位數學家都要多產，作品多達六十到八十冊，觸及許多領域，不僅在分析學方面有重要突破，在圖論（graph theory）、數論、微積分、邏輯學和許多物理學分支上都有貢獻。他所創立的許多記號現在仍繼續使用，包含以 f（x）表示 x 的函數以及三角函數符號、e（有時稱為歐拉數）、i 和 Σ（用以計算總和），他也將希臘字母 π 的使用普及化（但並非他原創）。他最了不起的成就是發現歐拉恆等式（Euler's identity）：

$$e^{i\pi} + 1 = 0$$

的要素與數值，例如一個聲音信號可以根據頻率與振幅加以分析。雖然他的方法並不嚴謹，但經過日後的修改，至今它的原理仍然廣受使用，舉例來說，我們現在就用它來將聲音壓縮成可下載的 MP3 檔案。

難上加難

有些問題即使用微積分來處理仍然很棘手，像是太陽系中的行星運動就是複雜到無法用單一級數來解釋的例子。動態系統理論（dynamic system theory）的出現便是用以解決這樣的問題，基本上，它分析從大範圍

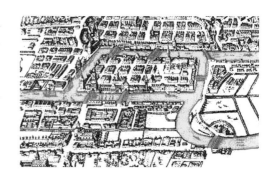

「柯尼斯堡橋」（*Königsberg bridges*）問題在一七三五年被歐拉破解。這個問題是：柯尼斯堡橋共有七座橋，如果只經過每一座橋一次，我們可否回到原來的出發點？歐拉證明這個問題不可能成立，並在解題過程中定義了「歐拉路徑」（*Eulerian path*），此路徑會沿著圖形的邊走，但每邊只會經過一次。他的證明就是如今圖論的第一個定理。

龐加萊有超乎常人的記憶力，
並且精通許多學科。

溫室氣體

一八二七年，傅立葉率先提出大氣中的
氣體可能會導致行星上的溫度增加，即
溫室效應。

內特定處所得到的資料，並將分析結果應用
於已知的系統整體上，在今日，電腦就是用
這種方法來分析、逼近與評估。

　　動態系統理論最早是龐加萊
（Henri Poincaré, 1854-1912）為
了競賽而發展出來的。一八八五
年，瑞典、挪威的國王奧斯卡二
世（King Oscar II, 1829-1907）
提供大獎給能成功評估太陽系
穩定性的人，參賽者必須探究
太陽系是否能以相同狀態持

國王奧斯卡二世提供獎金給解
答出太陽系穩定性的人。

續下去，或者行星是否
會偏離自己的軌
道甚至與太陽相
撞，諸如此類。
牛頓曾以重力的
平方反比定律來
研究克卜勒也注意
到的行星橢圓軌道，
但是他也發現，當涉及兩個以上的行星時，
就會複雜到無法計算。奧斯卡國王想要的是
牽涉到九個星球的解答（太陽與當時所知的
八個行星）。事實上，龐加萊的解答並沒有
真的處理九個星體，他自己將行星個數限制
為三個，甚至假設其中一個的質量微不
足道（所以可以忽略重力的影響），
他建立一個模型來檢測在一限定區域
（行星路徑與此區相交）可能
發生的情形，以此推論出變
化率來預測整個太陽系的
穩定性。雖然龐加萊的
不完整解答為他贏得
獎金，可是他注意到
自己解答中的一個
錯誤，於是花了比獎
金更多的心血來修正

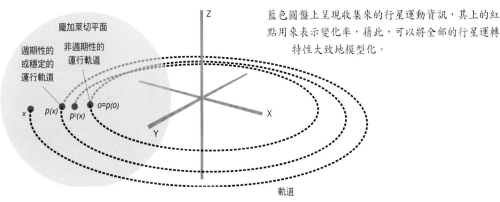

藍色圓盤上呈現收集來的行星運動資訊，其上的紅點用來表示變化率，藉此，可以將全部的行星運轉特性大致地模型化。

龐加萊切平面

週期性的或穩定的運行軌道

非週期性的運行軌道

x　$p(x)$　$p^2(x)$　$o=p(o)$

Z

X

Y

軌道

肥皂泡和建築式樣

比利時盲人物理學家普拉托（Joseph Plateau, 1801-1883）研究由肥皂溶液所產生的薄膜與泡泡。肥皂溶液會形成最小曲面（minimal surface），也就是指可以覆蓋空間的最小曲面表面積。最小曲面在數學界引起很多研究與討論，弗雷•奧托（Frei Otto, 1925-）所設計的一九六七年蒙特婁世界博覽會的西德展示館，就是基於肥皂薄膜所產生的最小曲面理論。

解答方法。

　　從十八世紀晚期開始，數學家變得更能接受複數，而高斯在一八一一年開始將分析學的原理應用到複數上。使用複數的

分析學稱為複變函數論（complex analysis），這種分析方法是可行的，因為複數遵循著許多與實數相同的規則。

　　現代分析學與早期分析學在許多方面有所不同。數學家發現許多函數不能積分，或者積分後會變得很怪異，因此在一九〇〇年左右，積分被法國數學家勒貝格（Henri-Léon Lebesgue, 1875-1941）重新定義，勒貝格建議應以水平方向來分割曲線下的切片，不再

傳統的積分方法：取垂直切片

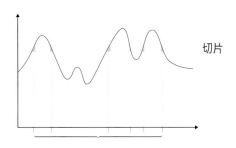

切片

勒貝格的方法：取水平切片

161

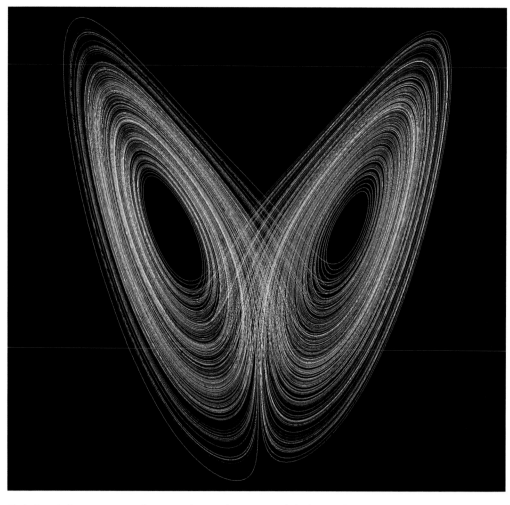

羅倫茲吸子（Lorenz attractor）是指一套混沌系統（在此為天氣）在一段時間內的運動模型，雖然看起來是隨機的變化，但巨觀來看卻會形成一個圖案。

以垂直方向取得曲線下的切片，這項改變大大擴充微積分的用途，例如能用於不連續函數，因而拓展了傅立葉分析的應用範疇。

分析學有許多不同的分支與應用，而且廣泛在各式科學領域中被使用。

失去的榮光

日本研究員上田皖亮（Yoshisuke Ueda, 1936-）與羅倫茲同在一九六一年發現混沌系統，但是他的指導教授不相信混沌理論，直到一九七〇年才讓他出版他的發現。

混沌理論

龐加萊的方法是混沌理

蝴蝶效應

一個常用來解釋混沌理論的概述是：當一隻蝴蝶翅膀拍動時，可能引發／阻止另一處颶風的發生，因為當一個小小的區域效應刺激了大氣，造成改變，該效應就會擴大。這個想法可能來自雷•布萊伯利（Ray Bradbury, 1920-2012）所創作的科幻小說《雷霆萬鈞》（*A Sound of Thunder*），在故事中，一個時空旅人在造訪侏羅紀時代時不慎殺死一隻蝴蝶，因而隱隱約約改變了人類的歷史。

論（chaos theory）的基礎，此理論在二十世紀大有進展，使我們能從各種隨機的系統中擷取所需資料。電腦使得混沌研究和混沌理論變得可行，因為這需要大量的運算，如果沒有電腦根本不可能成真。

　　一個看起來混沌（就我們對世界的基本認知而言），實際上遵循嚴格的規則的系統，由於這個系統對起始變數的微小變化極端敏感，以至於它的行徑（無論是基於哪種目的或意圖）無法預測。小範圍的氣象預報是十分困難的，因為我們有太多的因素足以影響天氣，而且它的結果很容易受到起始狀態的影響，因此不太可能準確預報數日後的天氣。

　　直到一九六一年，羅倫茲（Edward Lorenz, 1917-2008）因為對氣象預報的研究，而為混沌理論帶來重大進展。當時他想要重複一項氣象模型的操作，但為了節省時間，他照著之前已用過的列印資料來輸入數字，並從中間的數列開始他的模型。他發現他得到的氣象預報結果與第一次的結果全然不同，原因在於在該份列印資料上，他將原先取到小數點後六位數字的數四捨五入成只到小數點後三位數字，而這小小的誤差就足以產生非常不一樣的結果。

　　混沌理論可應用於許多科學領域，包含物理學、醫學、構造學、資訊科學以及雷射與電學的研究，也可以應用於科學以外的領域，如經濟學、心理學和社會學。

繼續前進

　　微積分和分析學的應用能有效觀察出許多種類的資料所呈現的趨勢，然而，在資料可供觀察前，必須先經過蒐集和處理的過程。令人驚訝的是，如何蒐集資料以做為決策的基礎、如何以嚴謹而公平的方式蒐集資料，都是相當近期才有的發展，統計學這門大家所熟知的數學分支，事實上是最近四百年才出現的，有趣的是，它的出現巧遇微積分的發展，使微積分變成統計學與機率研究的重要工具。

第七章

數字的用途和娛樂

微積分和分析學事實上與多數人的日常生活相距甚遠，雖然我們所接觸到的科學、我們所使用的產品以及圍繞我們的世界大多依賴的是高深的數學活動，但日常生活中，我們更常遇到的其實是統計和機率。在金融、賭博、遊戲、經濟和許多領域，數字都可用以預測未來走向與評估風險，無論是買樂透彩券、辦理壽險或搭乘飛機，數字皆能幫助我們做出決策。

數字以及機率問題，總是無所不在。

高興點！一切可能從未發生

人類玩機率遊戲已經玩了幾千年，這是個數字遊戲，擲出的骰子與轉動的輪盤都相當隨機，想要贏得這些比賽必須非常幸運或是很精通於計算機率和風險。

簡單的機率很容易理解：如果我們投擲一枚硬幣，有二分之一的機率正面朝上，也有二分之一的機率會是反面朝上；如果投擲很多次，正面和反面出現的次數就會非常接近。這個現象最早被瑞士數學家雅各·伯努利注意到，但該相關著作在他死後（一七一三年）才出版。他認為這個現象連笨蛋都能察覺得到，但是，他仍然被視為此現象的發現者，因為他花了二十年發展出一套嚴謹的論證來說明這個原理，並稱之為「黃金定理」（Golden Theorem），也就是大家熟知的「大數法則」（the Law of Large Numbers）。賭場依賴的就是這個法則，雖然個別賭徒可能會走好運贏得許多錢，但是整體而言，賭場在輪盤上可以留住所有賭注的 5.3%。

在簡單的機率和大數法則之間，有許

雖然玩家很可能在短短時間內「擊敗莊家」，但長期而言，賭場很確定能成為贏家。

多更複雜的機率問題。連續投擲一枚硬幣五次，都得到反面的機率為何？如果一次擲三個骰子，得到三個 6 的機率又是多少？

我們需要做一些機率運算以求得這些值，例如：連續得到五次反面的機率為 $1/2^5 = 1/32$，而得到三個 6 的機率為 $1/6^3 = 1/216$。

人類玩機率遊戲已經長達幾千年，但總是無法順利解決不同的機率問題，除非是一些很明顯或很容易計算的機率。

骰子和混沌

雖然擲骰子和轉輪盤的結果都看似隨機，它們事實上卻是可預測的事件，有規律可循，起始的位置和所有相關條件，包括投擲方向及力道、桌子的表面和骰子的特質都將影響結果。然而由於有太多種狀況可能發生，要將這些狀況量化也十分困難，因此，若要產生結果的模型或計算都困難重重。

機率遊戲

機率是指事件發生的機會或可能性，在十七世紀時因為一場賭局而進入數學範疇。雖

然卡當諾在一五二〇年代就寫了關於機率遊戲的書（見第 130 至 131 頁），但直到一六三三年才出版，因此輸給了費馬和巴斯卡。費馬和巴斯卡在往來的書信中討論起一名叫默勒（Chevalier de Méré）的賭徒所提出的問題：

兩名玩家玩純粹機率的遊戲，兩人各出賭金 32 枚金幣，先贏三局的人可以帶走全部賭金。然而，三局後比賽因故終止，玩家 A 贏兩局，玩家 B 贏一局，請問此時要如何分賭金才公平？

兩位數學家都認為玩家 A 與玩家 B 的賭金分配是 3:1，但各自採取不同解法。

費馬以機率計算答案，他認為只需要再加賽兩局便可分出輸贏，這兩場的贏家有四種可能：AA、AB、BA、BB，只有在最後一種情形下 B 才能成為贏家，所以他有四分之一的機會獲勝，應分得四分之一的賭金。巴斯卡提出的解法則是根據期望值（expectation），若下一局是 B 贏，則 A 與 B 各有一半機率能贏得 32 枚金幣；若下一局是 A 贏，則贏家非 A 莫屬，因為他已經贏得兩局。這麼說來，A 應得到 48 枚金幣，而 B 應得到 16 枚金幣，得出的結果與費馬相同。巴斯卡處理機率的方法得到數學家一致認同。

一切都是公平的…

雖然機率遊戲持續引發數學家的興趣，另一個引起數學家研究機率的動力，則來自於制定公平合約的法律問題。在一個公平的合約中，任何一方都有相同的期望值，這在金錢借貸中是相當重要的核心概念，基督教禁止從金錢借貸中獲取高額利益，因此，貸方被視為投資者，要自己承擔借錢的風險，但也因此可以正當地期待部分獲利。

在十七世紀以前，借貸與年金的利率都是固定的，完全不考慮任何關於風險的概念或計算方法。第一篇計算風險的專著出現在一六七一年的荷蘭，作者是偉特（Jan de Wit, 1625-1672），他在諮詢過惠更斯後寫成此書。當時的年金是由國家發售，目的通常是為了籌措戰爭經費，利息則一直訂為年金的七分之一，政府會持續給付直到持有者過世，但持有者的年紀或健康狀況並未納入考慮，政府很顯然並沒有評估必須給付的時間有多長，而這數目可能不小。然而，儘管偉特能夠看出這個系統的

偉特發現風險會影響利率。

缺失，但由於沒有平均壽命的資料，能做的改善措施很少，真正做到的更是極少。直到一七六二年，一家名為公正公司（Equitable）的倫敦保險公司，才開始基於計算過的風險或機率來制定保險價格。

就機率而言，上帝存在

直到十八世紀，機率才成為一個數學觀念，但是至十九世紀為止，機率卻仍普遍被視為基於常識的一種模糊概念。法國數學家拉普拉斯（Pierre-Simon de Laplace, 1749-1827）將機率稱為「以計算來表達的良好判斷力」。

有趣的是，在十八世紀時，機率和宗教之間的連結變成自然神學的主題。約翰‧阿布斯諾特（John Arbuthnot, 1667-1735）根據倫敦在一六二九到一七一〇年間所進行的洗禮儀式所得出的統計資料，提出上帝確實存在的證據，他表示男孩的出生率比女孩高一些，接受洗禮的男女孩比例為 14:13，然而到了適婚年紀，性別比即呈現平衡狀態，因為年輕男性的死亡率較高。如果我們假設男孩出生的機率為 0.5，那麼未來 82 年間，每一年男孩出生率都大於女孩的機率即為 $(0.5)^{82}$，這種男孩出生率比女孩高的現象世界各地皆有，阿布斯諾特因而視此為上帝天意的確鑿證據，以使社會保持完美平衡（但他似乎沒有意識到，也有其他能達到

巴斯卡的賭注

在一六五七與一六五八年間，巴斯卡寫了一篇哲學文章，描述無神論者的「賭注」。不信神（對巴斯卡而言，即基督教的上帝）的懲罰可能是永遠打入地獄，然而，如果相信神，既便最後證明上帝不存在，信神的代價還是很輕微，至多只是失去一些短暫的快樂以及花費一些無益的時間在教會而已。雖然無神論者可能覺得上帝存在的機率很小，但是，既然輸掉賭注的代價如此高，信仰的代價相較之下相當低，信總比不信好。

完美平衡且無須使這麼多男孩喪生的方法，如此可以避免許多父母遭受喪子的痛苦）。他的觀點逐漸受到採用和修正，但比較理性的瑞士數學家尼可拉斯‧伯努利（Nicolas Bernoulli, 1695-1726）認為男孩的出生率或許不是 0.5 而是 0.5169，如此一來不需要神的干預，就能產生正確的所需結果。

做出決定

　　就像巴斯卡的賭注，許多決策不僅可能受到對機率的認知影響，也可能因為主觀上想要得到某種結果而受到干涉，或是被人們所熟知的邊際效用（marginal utility）干擾。想像一下，全國性樂透一張值一枚達克特（ducat，十八世紀歐洲普遍使用的硬幣），而頭獎為一百萬枚達克特。對窮人而言，一枚達克特十分貴重，而獎金更是如此；對富人而言，一枚達克特根本無關緊要，但獎金對他而言還算誘人。相對於窮人而言，富人比較有能力負擔一枚達克特的賭注，但他並不怎麼需要獎金，所以可能也比較不在意是否要買樂透。雖然窮人和富人購買一張樂透的中獎機率相同，但是對於購買樂透的決定可就大相逕庭。

　　在一七五〇與一七六〇年代，天花的預防接種是熱門的議題，因為預防接種使用的是活體天花病毒，而少數個案會染上天花（從母牛身上產生的牛痘疫苗是之後才引進的，較為安全）。天花在當時相當普遍，而且通常會致命，即使沒有奪走性命，基本上也會導致終身的傷害，例如眼盲或腦部受損。沒有接種疫苗的人日後會暴露於高風險中，其中有七分之一的機率會因此死亡，有接種疫苗的人在感染天花時比較不容易直接死於此病，之後證明接種者不會死於天花。丹尼爾・伯努利（Daniel Bernoulli, 1700-1782）利用純粹數學計算，建議預防接種是唯一明智的抉擇，但是，法國數學家達朗伯特及其他人則認為，比起未來的安全，多數人可能寧願選擇現在多活一、兩週。

獨立性

　　人們不僅受邊際效用以及達朗伯特所提到的短期利益影響，也會因為沒有任何統計機率根據的迷信而搖擺不定。

　　想像一下，擲一枚硬幣十次，每次都得到正面的機率為 $1/2^{10}$；假設第一次得到正面，則十次都得到正面的機率為 $1/2^9$；假如前九次都是正面，那麼十次都得到正面的機率為 $1/2$。現在再假定你要搭乘飛機，你知道死於飛機墜毀的機率是——比方說 $\frac{1}{1000000}$（這不是真實的機率數據）；而當你已經安全乘坐 1,000 次後，下一次搭乘時，你的死亡率仍然是 $\frac{1}{1000000}$。前面的搭乘經驗不會影響到這一次發生意外的機率。在這個情況下，事件是獨立的，即便你已經安全搭乘 999,999 次，或 1,000,000 次，下一次你的死亡率仍然會是 $\frac{1}{1000000}$。但是對許多人而言並非如此，我們常認為如果我們至

人們如果能從短期獲得利益，似乎就會樂於賭上長遠的未來。

群體免疫效應

有些疾病因為國家預防接種計畫而完全（或幾近）絕跡，其中一個例子是麻疹。麻疹曾經是西方世界常見的疾病，但如今在有預防接種計畫的國家已很少見。然而，一九九〇年代時，因為許多家長擔心疫苗的安全性而導致英國兒童的接種率下降，麻疹又再一次流行。當大多數人都有免疫能力時，少數未被保護的個人因而得益於群體免疫效應（herd immunity），因為疾病在免疫人口中無法立足生存，但如果未受保護的人數增加，疾病便會在

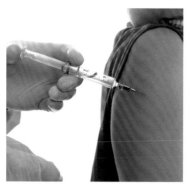

未接種的人群之中傳播。

家長對疫苗安全性的疑慮，也反映出早期天花疫苗接種與否的兩難。如果把社會當成一個整體，這個社會空間就會牽涉到一個「道德維度」（moral dimension）：少數人為了避開疫苗的（可能）風險而不接種疫苗，卻仰賴群體免疫效應來保護自己，讓其他人來承擔他們未接種的風險，這樣是否合乎道德？而對數學家和醫學院學生而言，這意味著另一個問題：在以安全為前提的情形下，多少人口未接種是被允許的？

今都很「好運」，那麼好運可能就快用完了。反之也一樣，人們可能每週都挑選同一組樂透號碼，因為他們相信自己的號碼「遲早會出現」，很少人會選擇 1, 2, 3, 4, 5, 6，因為他們（無理性根據）相信這種組合比較不可能中獎。從古到今，這種傾向都無法排除，有人承繼古代迷信相信數字 3 有特別的屬性，或是將魔術方陣穿戴在身上以期得到保護。

相互依賴性

當人們猶豫著是否應該上飛機時，就是在處理一種隨機事件，因為他們無法預知飛機是否會墜毀。對數學家而言，一個人的決定如何依賴或連結到他人的行為，是很難模型化的問題（例如決定是否為小孩預防接種）。一九四〇年代，匈牙利裔美國數學家馮紐曼（John von Neumann, 1903-1957）和德裔美國人摩根斯坦（Oskar Morgenstern,

馮紐曼是普林斯頓高等研究院成員之一，這個學術團體中的成員被大眾視為「半神」（demi-gods）。

1902-1977）以賽局理論（game theory，原文字面上的意義是「遊戲理論」）來探討這個問題。

　　賽局理論不如其名字般輕佻，而是關於經濟事務的嚴肅理論。摩根斯坦和馮紐曼認為那些為了物理及其他科學領域而發展出來的數學模型，不能有效用於經濟學和人類行為研究，因為數學家對這些不感興趣。當人們做決策時，重點會放在為自己求取最大利益。他們可能會試著將對其他人的損害降到最低，但也可能不在乎是否影響別人，甚至故意刁難別人。

　　賽局理論試圖將人們在模型情境中的行為動機與洞察力納入考慮，以及許多其他的相關面向，比方說，參與者（可能是個人、團體、國家或公司）可能會互相競爭或合作；他們所競爭的可能是有限或無限的資源；他們可能擁有全部相關訊息，包括其他對手的動向，或者僅能取得部分資訊。有各式各樣的賽局理論模型用來衡量這些情況以及其他可能的情形，所產生的結果通常是可以加以分析的矩陣（matrix）。

逆向推論

　　約翰·阿布斯諾特用來證明上帝存在的方法是從結果來推論原因：有相同數量的適婚男女，所以上帝存在。雅各·伯努利的論證則是當事件機率未知時，只要觀測者有足夠的知識和經驗，就能從實驗或觀察的結果來推論出此事件。他以一個例子來解釋此論述：如果一枚硬幣投擲的次數夠多，正反面出現的比例將會接近理想的 1:1。貝葉斯（Thomas Bayes, 1702-1761）和拉普拉斯分別利用這種逆向推論的方法，導出了關於機率的形式證明，也就是現在大家熟知的貝氏定理（Bayes' theorem）。拉普拉斯最有名的是用它來爭論明日太陽升起的機率，雖然據我們所知過去六千年來太陽每天都升起（一七四四年時，人們認為地球是六千歲），卻並不代表明日太陽依然會升起。

　　拉普拉斯和他同時代的人試著將機率擺入倫理學的核心，儘管此一作法的正當性

有待商榷。啟蒙時期的哲學家和改革家關注於選民和陪審團所做出的判決品質——他們是否能做出正確的決定？是否能選出最好的候選人？拉普拉斯等人認為這是機率問題，假定每個陪審員都能獨立做出決定（法國陪審員不能相互商議），並有一半以上的機率能做出正確判決，那麼就可以訂出最理想的陪審團規模以及所需選民人數來達到最安全的判決結果，這種利用機率決定陪審團人數的方法持續到一八三〇年代，而後這個系統就不再受人青睞，因為拉普拉斯的學生帕松（Siméon Denis Poisson, 1781-1840）使用新統計學設計出新的模型。

在機率能夠被有效地運用於任何領域前，可靠的資訊是必要的。因此統計和機率總是攜手合作。

樣本和統計學

倘若沒有可依憑的資訊來幫助決策，就只能倚靠基本的機率計算了。令人吃驚的是，直到十七世紀晚期，人們才開始明白蒐集人口和經濟數據的真正價值。而就這麼突然之間，到處都是統計資料，用這些資料來進行運算能讓我們對於社會運作有更深刻的

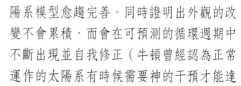

拉普拉斯（1749-1827）

法國科學家和數學家拉普拉斯最著名的，是他在天文學方面的研究，他還將機率應用到科學問題上。他是農夫的小孩，在波蒙特（Beaumont）的軍事研究院展露數學能力。一七六六年，他前往坎城大學（University of Caen）就讀一年，但之後轉往巴黎，在巴黎期間，達朗貝爾幫他在軍事學院（École Militaire）找了一個教授職位，拉普拉斯便在該校教書直到一七七六年。拉普拉斯將牛頓的重力理論應用到行星運動上，使當時的太

陽系模型愈趨完善，同時證明出外觀的改變不會累積，而會在可預測的循環週期中不斷出現並自我修正（牛頓曾經認為正常運作的太陽系有時候需要神的干預才能達成）。拉普拉斯也是第一位提出太陽系是由大量的氣體雲狀物冷卻而成。

他的行星運動研究使他成為名人，他曾是經度委員會（Board of Longitude）的主席，幫助公制單位的介紹和發展，他也曾在拿破崙政府擔任過六週的部長。

了解。有史以來第一次,人們不再靠臆測來規畫,迅速成長的統計分析科學有了材料可以研究,也有了努力的目標。

計算人口

藉由人口普查來收集一個地區的居民資料已經間歇進行了好幾千年,巴比倫人、中國人、埃及人、希臘人、羅馬人都曾施行人口普查。在基督教傳統故事中,耶穌的雙親在他出生之前立刻前往伯利恆,就是因為羅馬帝國進行五年一度的人口調查,要求每一位人民回到自己的出生地,以便計算。

這些早期人口普查所收集到的基本資訊,能讓統治者知道能收到多少稅、有軍需或建築需求時能招募到多少人、能生產多少食物以及需要多少食物。在埃及,人口普查資料也用於每年尼羅河氾濫後的土地重新分配。但是,這些資料並沒有經過額外的分析,而且只蒐集到最初步的資訊,因此往往是不可靠的,舉例來說,如果課稅是以一家的人口數為基準時,有些家庭可能就會少報人口以求少繳點稅。

一○六六年,在諾曼人征服英國後,新英國國王征服者威廉(William the Conqueror, 約 1028-1087)對他的新土地展開徹底的調查,包含人口普查和土地上的所有財產明細,調查結果寫在《末日審判書》(Domesday Book)中。這本書是十一世紀時期的大工程,並為歷史學家提供了相當有價值的統計數據。但在此以後,就沒有統治者熱衷於進行定期的人口普查,雖然歐洲的許多主教理應知道其轄區中家庭的確切數目,但關於人口數量其實所知甚少,有些人甚至相信人口普查的行為褻瀆神明,因為在《聖經》故事中,大衛王試圖進行的人口普查因瘟疫肆虐而中止,此次人口普查一直沒有完成。

近代所完成的第一次定期人口普查,發生在一六六六年的加拿大魁北克。在歐洲,冰島在一七○三年率先完成,接著是一七四九年的瑞典。美國在一七九○年舉行第一次十年一度的人口普查,英國則在一八○一年舉行,當時的美國有差不多四百萬居民,英國則有一千萬(在調查之前,英國人口數的預估值為八百萬至一千一百萬人)。

統計學的興起

一六六二年,英國統計學家格蘭特(John Graunt, 1620-1674)出版了一套關於倫敦人口死亡率的統計資料,一六八○年代,政治經濟學家佩提(William Petty, 1623-1687)出版一系列有關「政治算術」(political arithmetic)的論文,提供統計數據與運算,有些主題相當奇異,例如:把所有愛爾蘭人換算成貨幣,價值是多少。整體而言,政府鼓勵、資助統計調查,同時對統

人口普查和電腦

人口普查的需求，是發展計算輔助器材的一個相當大的動力。第一部用於人口普查的機器出現在一八七〇年，人口資料被轉錄到滾動的紙帶上，並顯示於小視窗中。一八八四年，何樂禮（Herman Hollerith, 1860-1929）利用穿孔片儲存資料獲得第一項專利，並將巴爾的摩、馬里蘭、紐約市和新澤西州的健康記錄整理起來，也因此為他贏得一八九〇年人口普查表的合約。人口普查的空前成功為何樂禮開啟其他市場，他的機器也傳到歐洲與俄羅斯。他在一八九六年創立製表機公司（Tabulating Machine Company），也就是日後的 IBM。

何樂禮製造「製表機」是為了讓所有個人資料都能夠用數字編碼。

計結果謹慎以待，將之用於加強政府的權威性。但許多人仍然擺脫不掉迷信，並使用一些非常不科學的方法，例如普魯士最著名的「政治算術家」之一的修斯米希（Johann Süssmilch, 1707-1767），在二十多年間出版了三卷書，並於一七六五年出版的最後一卷之中，再度藉由和諧的社會統計數據來證明上帝的存在。

其他的統計資料是由科學家、不同領域的專家和人道主義者蒐集的。確實，人們對統計學的熱情持續增長，到了十九世紀早期變得幾近狂熱，轉眼之間，每件事情都得被研究、計算、審計，包含天氣、農業、人口遷徙、潮汐、土地和地球的磁性等等。歐洲的帝國探勘他們新佔領的土地並調查殖民地的人口數，而當美國人往西移動、強佔更多土地後，他們開始繪製地圖並記錄資源。

社會該被譴責

比利時數學家凱特利（Adolphe Quetelet, 1796-1874）倡導將統計學視為社會學基礎，他稱之為「社會物理學」（social physics）。他檢視各種資料，採用在科學研究上常用的技術，也就是匯集大量資料，在其中尋找浮現的模式，讓他驚訝的是他發現到處都可以找到這些模式，不限於天意可能干預之處。他還特別發現犯罪數據遵循著一個可預測的模式，推測犯罪是一種社會產物

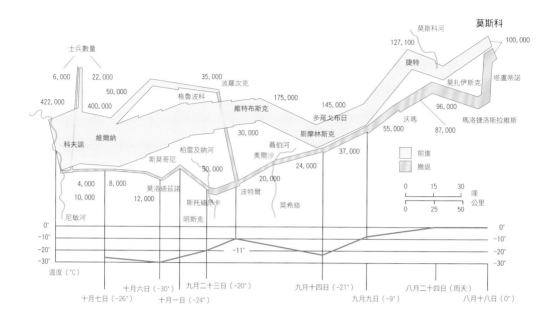

莫斯科

莫斯科河

127,100

100,000

捷特

士兵數量

6,000　22,000

50,000

波羅次克

35,000

塔盧蒂諾

莫扎伊斯克

422,000

400,000

格魯波科

175,000

96,000

瑪洛捷洛斯拉維斯

87,000

維特布斯克

145,000

多羅戈布日

維爾納

沃瑪

55,000

科夫諾

斯摩林斯克

30,000

柏雷及納河

奧爾沙

晶伯河

前進

37,000

撤退

斯莫哥尼

24,000

50,000

20,000

0　15　30　哩

莫洛迪茲諾

4,000　8,000

公里

0　25　50

10,000　12,000

波特爾

尼敏河

斯托迪昂卡

莫希洛

明斯克

溫度（℃）

0°

0°

-10°

-10°

-20°

-20°

-11°

-30°

-30°

十月六日（-30°）

九月二十三日（-20°）

九月十四日（-21°）

八月二十四日（雨天）

十月七日（-26°）

十月一日（-24°）

九月九日（-9°）

八月十八日（0°）

而不單單由個人造成，也因此，一個單獨的罪犯也許可以壓抑自己犯罪的衝動，但整個社會的犯罪率是幾乎不可能受個人影響的。他認為合適的研究對象是犯罪率而不是罪犯，而適宜的矯正來自於社會活動，包括教育和司法系統的改善。他深信，如果能謹慎使用統計來檢視變化帶來的影響，並用以指出未來可能發生的改變方向，便終究會得到我們想要的成果。

凱特利的論點引發爭論，因為在他的理論中，統計學和自由意志明顯相互衝突：如果犯罪率可以用統計方法決定，而且總是不變，那麼，個人行為中到底有多少的自由呢？

作得最好的統計圖表之一，是米納德（*Charles Minard, 1781-1870*）的一八一二年拿破崙征俄示意圖，它呈現了往返莫斯科途中的死亡人數以及死亡率與溫度的關係。綠線和橘線的寬度代表軍隊的規模，以表示出軍隊人數漸漸減少的過程。這場戰役最後只有 *4%* 的軍人倖存。

當統計學遇見科學

這也許是個令人吃驚的事實：直到十九世紀中葉，統計學才開始被運用在科學上，並跟應用在社會科學上時一樣熱情與嚴謹。在一八七〇年代，蘇格蘭物理學家馬克士威在解釋氣體理論時，常常引用社會統計，從大量的分子隨機運動過程中，他導出熱力學定律（thermodynamic law）──混亂中的秩序。他認為，就如同那些與犯罪或自殺相關

佛蘿倫斯‧南丁格爾（1820-1910）

南丁格爾（Florence Nightingale）在英國
度過幸福的童年，父親教她語言、哲學、
歷史和數學。有一天她聲稱從上帝那裡接
收到啟示，而得知她的天職。在此之後，
她便想成為護士，但因為家人的反對，南
丁格爾轉而進入公衛領域並成為專家。後
來，她仍然接受了護士訓練，在克里米亞
戰爭（1854-1856）時於土耳其的斯庫
達理（Scutari）醫院工作，在那裡她
改革了傷兵的醫療照顧方式，並保
留大量筆記。戰爭結束之後，她整
理這些筆記資料，結合蒐集到的統計
數據做成一份完整的報告，她使用創
新的圖表來表達資訊，例如右上的
「雞冠花」圖（coxcomb graph）。
南丁格爾不屈不撓地想改善英國
軍隊的健康狀況，於是她建立
世界上第一所訓練護士的學
校，即位於倫敦的南丁格爾護
理學校（Nightingale School for
Nurses），奠定了護理的專業
基礎。

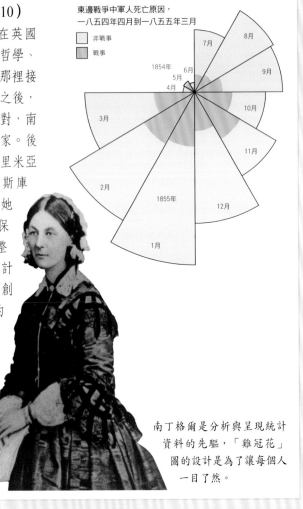

東邊戰爭中軍人死亡原因，
一八五四年四月到一八五五年三月

□ 非戰事
■ 戰事

南丁格爾是分析與呈現統計
資料的先驅，「雞冠花」
圖的設計是為了讓每個人
一目了然。

的統計數據可以從毫無規律的個人行為中，
產生前後一致的結果，統計學想必也能夠從
小規模不可預測的活動中，擷取出大規模可
預測的結果。但是，在統計學可以被應用之
前，必須先發展成一門數學學科，從十八世

統計學飛快征服了科學的每一分支，其速
度只有阿提拉、穆罕默德和柯羅拉多甲蟲
足以匹敵。

——莫里斯‧肯德爾
（Maurice Kendall），一九四二

紀晚期開始，數學方法具體應用到統計學，並在那之後迅速散播。

統計數學
什麼是常態？

棣美弗（Abraham de Moivre, 1667-1754）是第一位注意到常態分配的鐘形曲線特徵的人（見下圖）。這個曲線將頻率或機率值對應到本身數值，最頻繁出現的值出現在頂點處，代表平均數，遠離平均數的最低頻率值則發生於曲線的兩端。曲線的斜率是由樣本間的差異程度決定，在常態分配中大約有68%的值落在一個標準差的範圍內。

棣美弗是解析幾何學和機率理論的先驅，也是第一位注意到常態分配曲線的人。

認為，基本上所有的人類特徵都符合常態分配，包括身高之類的生理特性以及是否有結婚或自殺傾向之類的心理分析。

處理誤差

十九世紀早期，統計相關的數學方法快速進步。為了測量出地球經線的周長以決定公尺的長度（即周長的四千萬分之一），必須要有統計方法來處理大地測量時所出現的誤差和不一致。一八〇五年，法國數學家勒讓德（Adrien-Marie Legendre, 1752-1833）提出一種技術，即日後為人所知的「最小平方法」（least squares method）。他從所觀察到的點、線或曲線中取值，求所有觀察值的誤差平方總和最小值。高斯對這個方法很感興趣，並在一八〇九年時提到，若測量的

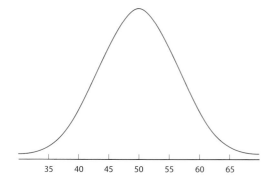

月球上有個火山口以勒讓德命名。

常態分配曲線和標準差概念廣泛運用在許多不同領域中，來評估統計出來的結果，拉普拉斯也在他的機率研究中使用這個模型，特別是數量非常龐大的事件。凱特利則

最小平方法

最小平方法藉由計算一群點與直線間的距離平方和最小值,以求得一條最適直線來描述這些點之間的關聯性。平方的作用是為了消除正號與負號的差異,因為一旦平方都將出現正的結果。

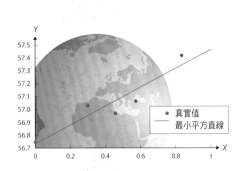

誤差遵循常態分配,則這個方法能計算出最佳的誤差估計值。最小平方法應用到統計的各領域,成為十九世紀統計學家最重要的工具,也常用於從小樣本來推估母體的研究。

人類完美化

　　高爾頓(Francis Galton, 1822-1911)是達爾文的表弟,他對於因常態分配和標準差而突顯出來的變異(variation)很感興趣。他使用名為高爾頓板(Galton board)的模型來展現如何達成常態分配(見下圖):在一整列的杯子上方將木樁排成三角形,小球從三角形頂端落下,順著木樁彈下,最後掉進杯子中,少數的球落到位於邊緣的杯子,大部分則落在中央,形成一個常態分配曲線。

　　高爾頓還將統計概念應用到遺傳學,來展示變異傾向是如何孕育出來的,以及生物有機體的世世代代是如何不斷呈現相似的變異程度,因此,雖然天賦異稟的父母可能會

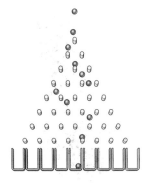
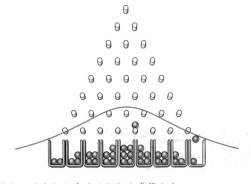

球從高爾頓板上方落下,會偏斜掉入杯子底部,在各個杯中球的個數為常態分布。

生出（至少就某方面而言）同樣天賦異稟的孩子，但巨觀來看，後代的才能表現會回歸為一般大眾的分配。高爾頓朝著令人擔憂的方向繼續他的研究，成為優生學運動的建立者，試圖將人類的演化趨近於完美，他想要培育「好的基因」，方法是要飼主從農場的動物和農作中挑選出最好的基因。

雖然高爾頓原本的主要興趣在於基因和遺傳學，但他深知可以將他的統計方法應用到其他領域，同時強調他所發展出來的工具能廣泛應用。

追求隨機性

統計的發展目標，是希望小樣本的統計資料能幫助我們推論總體的性質或應用到總體，例如藉由觀察一個人口樣本中的犯罪率、結婚率或遺傳疾病率，研究者期望能獲得整體人類的犯罪率、結婚率與遺傳疾病率，因此，任何統計調查的結果優劣當然仰賴所量測的樣本品質，挪威中央統計局的領導者凱爾（A. N. Kiaer, 1838-1919）試著找出能涵蓋所有人口中具代表性的變異的合適樣本，像是年老與年輕、富有與貧窮。英國統計學家鮑利（Arthur Bowley, 1869-1957）則是第一個嘗試將隨機概念引入抽樣的人之一，波蘭統計學家奈曼（Jerzy Neyman, 1894-1981）在一九三四年將兩者結合，試圖確保樣本具有代表性的變異，而且每個

個體必須隨機抽出。這項被稱作分層抽樣（stratified sampling）的技術在一九三六年獲得第一次勝利，當時蓋洛普公司（George Gallup）所做的民調利用分層抽樣預測羅斯福將在美國總統大選中勝出，而對手文學文摘公司（Literacy Digest）使用了較大但未分層的樣本，則滿懷自信（且錯誤）地預測出相反的結果，當時蓋洛普僅抽樣三千名選民，而文學文摘公司卻抽樣了一千萬人，羅斯福最終贏得美國史上最大差距的壓倒性勝利，因此，大樣本並不保證更具有代表性與準確性。

一九三六年，美國總統羅斯福在連任選舉中獲得壓倒性勝利。對蓋洛普而言這不足為奇，因為他們早一步成功使用分層抽樣的方法預測出這樣的結果。

沒有比活在蓋洛普民意調查中更危險的了，它難以捉摸，總是在衡量某人的民意熱度。

——邱吉爾
（*Winston Churchill*）

實驗設計也與統計工具的發展攜手並進，使用對照組來對應實驗組，以及隨機挑選對照組或實驗組中的受試者，儼然成為二十世紀早期的標準流程。特別是二次世界大戰結束後幾年，英國遺傳學家和統計學家費雪爵士（Sir Ronald Aylmer Fisher, 1890-1962）重新形塑實驗設計，可用於許多領域包括心理學、醫學和生態學，他的研究始於遺傳學，使用統計分析來調和達爾文演化論中的不一致性，那是因為奧地利植物學家孟德爾（Gregor Mendel, 1822-1884）所做的遺傳實驗而產生。費雪所發展的方法——現在看來簡單到很荒謬——是在每一次實驗中只改變一個條件，並與對照組比較結果。雖然就某種程度而言，早期的實驗工作者也是如此進行實驗的，但當時認為將此方法用在人類身上不甚道德，而且那時對於對照組的使用以及隨機分配個體到對照組與實驗組的作法不夠嚴謹，因此，在此之前此法並未充分實踐。費雪也提倡重複實驗，並從結果尋

隨機號碼產生器是曼第（*Bob Mende*）在一九九六年開發的，他利用電腦程式，將熔岩燈（*lava lamp*）所製造出的圖案轉換成數位照片，由這些照片產生出隨機號碼。

隨機的困難

隨機可不只會出現在抽樣的過程中，在高賭注的機率遊戲中，也必須確保事件都是隨機的，密碼學也要求隨機產生號碼，但這比表面所見還要困難得多，就如同混沌理論所呈現的，許多事件看似隨機，實則不然，而是由複雜的規則與大量變數所控制。

用來挑選數字的系統必須經過精密設計以盡可能避免在挑選過程中有任何偏袒，這樣才能用於全國性樂透之類的大規模投機活動中。利用電腦演算來挑選出隨機數字是非常困難的，所以，大部分的彩券遊戲都是利用機械方法（這種方法也比使用電腦更容易炒熱氣氛）。電腦可以運用大氣噪聲（atmospheric noise）這類物理資源來產出真正隨機的數字（例如：www.random.org）。

找變異以決定誤差區間。二十世紀最具影響力的統計學家費雪，在一九五六年將他的發現總結成極具影響力的巨著《統計方法與科學推論》（*Statistical Methods and Scientific Inference*），他最重要的貢獻之一是變異數分析（analysis of variance, ANOVA），他以此檢視樣本中各個偏離常模（norm）的點，此方法可用於評估統計的結果是否有意義，亦即是否反應真實的趨勢、變化或原因，或是只是偶然。

電腦化

　　大量資料的計算負擔因電腦的普遍而變得容易，在過去，統計學家必須費力地親自計算每一項資料，而當今的統計學家卻只須將資料直接輸入電腦，就可以讓電腦自己去對應合適的統計工具並提供分析數據和圖表，甚至在大多情況下，電腦可以直接透過感應器收集資料。我們現在能夠處理非常大量的資料，如果沒有電腦的話，這些資料巨大到即使用一輩子的時間也處理不完，這意謂著在現代統計分析能夠應用到所有日常範疇，用以找出模式並把做出來的結果投射在許多領域，例如早期教育對犯罪率的影響、可能散播的流行傳染病以及全球性的溫室效

英國數學家康威的「生命遊戲」藉由模擬一個有機體社會（*society of living organisms*）的生命、死亡和變化，而迅速累積許多崇拜者。

應。

　　由一九七○年康威（John Conway）所製成的「生命遊戲」（Game of Life），是表達初始條件的重要性的著名電腦化實例。這是一部細胞自動機（cellular automaton），以電腦模擬人口或宇宙的演進，其中的初始有機體或自動機械裝置會不斷自我複製，但複製的成功或失敗視不同情況而定（例如過度擁擠或缺乏資源等）。康威創造它是為了回應馮紐曼在一九四○年代所提出的問題：是否能夠設計出一部能夠自我複製機器。這個「生命遊戲」不是字面上

在家搜尋外星智慧（SETI@HOME）

SETI 計畫，為「尋找外星智慧」（Search for Extra Terrestrial Intelligence）的縮寫，連續不斷從外太空蒐集無線電資訊，現在也開始搜尋雷射光的脈衝波，目標是「探索、了解並解釋宇宙中生命的起源、本質與普遍性」。SETI 的任務是檢視不斷增加的資料所呈現的模式，因為其中可能藏有故意發送的無線電訊號。為了完成此項龐大的任務，SETI 請求全世界的自願者安裝一種螢幕保護程式，這樣 SETI 就可以透過網路傳輸大量資料給自願者，使自願者的電腦在閒置時能自動使用該螢幕保護程式處理這些資料，如此一來，SETI 即可利用全世界數百萬台個人電腦的閒置時間，每一部個人電腦都會將結果回報給 SETI，而任何不尋常的訊號模式會被打上記號以做進一步調查。於是，難以想像的龐大統計分析任務只需要極低的成本，而且比任何專用電腦都還要快速。

尋找生命跡象：在美國新墨西哥州「巨大天線陣」（Very Large Array）天文觀測站的其中一個無線電天線。

SETI 方程式

德雷克方程式（Drake equation, 1961）用以計算銀河系中可能存有高等生命的星球數量：

$N = R^* \times fp \times ne \times fl \times fi \times fc \times L$。

其中：

N＝銀河系內可被偵測到電磁射線的文明數量；

R^*＝恆星中適合高等生命發展的形成速率；

fp＝在行星系統中上述恆星所占的比率；

ne＝在各個太陽系中適合生命居住的行星個數；

fl＝上述行星確實出現生命的比率；

fi＝有生命存在的行星上出現高等生命的比率；

fc＝發展出科技以至於能在太空中釋放可偵測訊號的文明比率；

L＝這些文明釋放可偵測訊號的時間長度。

宇宙中沒有任何東西是獨一無二的，因此，在其他地區一定也有其他地球，上面居住著不同
種族的人類和不同種的動物。

——盧克來修（*Lucretius*），西元前五〇年

的「遊戲」，因為它沒有真實的玩家，在設定初始條件之後，遊戲開始進行，所產生的後代根據初始條件所造成的結果而繁盛或枯萎。原本的遊戲只是在方格中填入著色正方形族群，但它繁衍出一整個電腦模擬遊戲的產業，有一些遊戲甚至變得相當複雜，複製出各種產物與個體。康威的遊戲引起許多人對細胞自動機的興趣，將它應用到許多領域中，包括人類研究、動物和病毒族群、水晶生成、經濟問題及許多以有機的方式發展出的複雜模型。

繼續前進

在過去的一百年左右，大部分的統計研究都以相當複雜的方式來分析資料集合和群組。集合論——無論是數字集合或是其他集合——首先出現在十九世紀下半葉，是數學史上最重要的發展之一。

第八章

數字的毀滅

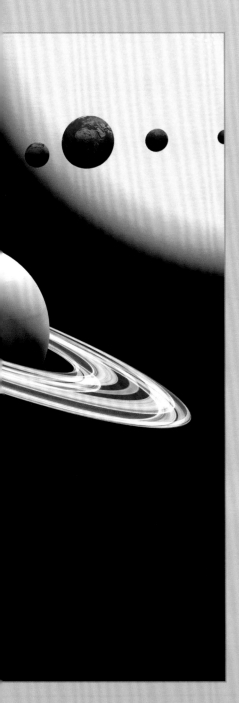

　　分析從總體、實驗和其他資源所蒐集到的資料，我們可以研究其分布模式以將每個項目分類、分群，而分類分群自然而然讓我們能夠把各個項目畫分成集合並加以比較，於是，宇宙中的每件事物都可以用他們所屬的集合來定義。

　　集合與集合之間的關係進一步提供了關於物件的資訊，因此自十九世紀晚期開始，數學家轉向研究集合論（set theory），並發現集合論蘊藏了處理每件事情的方法。

　　集合論日漸發展，它自身的邏輯語言也隨之建構起來，然而後來也導致理論上自我矛盾。集合論可以幫助我們探索數學及證明數學理論，甚至分解、分析集合論本身，使數學可以涵攝每一件事，但數學也因此變得相當抽象又深奧，以至於表面上看來似乎沒有解決任何事。

SETI 的目標是確認哪些行星上存在生命。

集合論

在人類尚未學會數數時,他們很可能利用比較物件集合的方式來處理數字:是否每個獵人都有一根矛?圈欄內羊群的數量比記錄用的小卵石多或少?然而,當人類有越來越複雜的需求時,數學的發展便遠離了物件集合,轉向可以廣泛應用的數字概念。而數千年後的現在,數學家再度回到集合,但具備了全新視野,著眼於無限集合的可能性。

集合論的起源

集合論是一八七四至一八七九年間由康托爾(Georg Cantor, 1845-1918)發展出來的,他將集合定義為一群明確、可區分的「能被感知、想像的物件」所構成的整體,所以由正整數所構成集合便可視為一群具有實質意義的數字集合,也可以用集合來表示一群消防員或碳氫化合物的分子結構等。雖然基本原則相當簡單,但是關於集合的邏輯思考很快就演進成複雜的概念,模糊了數學與哲學之間的界線。早期的評論家批判集合論只能處理虛幻的事物,而不能反映任何現實,並認為它違反宗教原則,且不能算是數學。集合論確實屬於純數學,並確實極少應用於一般經驗與日常世界,然而集合論已經被證明相當具有價值,有助於複雜數學概念的操作,因為集合論本身就能藉由集合的邏輯來自我定義、分析並修正。

給初學者的集合論

集合的基本概念十分簡單:任何一群物件或數字,不論是否真實、持久存在,都是一個集合。一個集合中的任何元素可能同時屬於許多不同集合,集合之間會相互重疊,有些則會包含其他集合(子集)。集合中也可能有無限多個元素,稱之為無限集合。

集合的運算與數字的運算不同,如果將兩個集合加在一起(稱為聯集),新的集合包含兩個集合的所有元素,但不得有重複的元素。兩個集合的交集則包含兩個集合所共有的元素,一個沒有任何元素的集合稱作空集合,以符號 ø 表示。

集合中元素的順序基本上是不重要的,因此雖然座標(x, y)和(y, x)不同,但集合 {x, y} 和集合 {y, x} 卻是相同的。

康托爾對集合論的定義為任何類型的物件可被畫歸為一組,但每個物件仍然保留了自己的本質。而任何物件 x 與集合 A

漫天叫罵

當時有許多人羞辱康托爾及其集合論觀點,龐加萊曾說他的理論是「傳染給數學家的重大疾病」,維根斯坦則形容是「完全胡說」、「大錯特錯」,克羅內克更說康托爾是個「科學江湖術士」、「背教者」以及「腐敗的年輕人」。

康托爾 (1845-1919)

康托爾（Georg Ferdinand Ludwig Philipp Cantor）是德國數學家，以創立集合論而聞名於世。他的數學能力早在十來歲時就出類拔萃，接著康托爾到柏林與蘇黎世鑽研數學、哲學和物理。他的老師是魏爾斯特拉斯，其深具影響力的分析學研究令康托爾印象深刻。他僅花了一學期就提交博士論文，標題為〈在數學界提問的藝術比解題更有價值〉（*In mathematics the art of asking questions is more valuable than solving problems*）。一八七九年，他開始在哈雷（Halle）擔任教授。

康托爾一開始從事數論研究，接著轉向三角級數的理論，並且延伸黎曼的研究。蜜月旅行時遇見戴德金（Richard Dedekind, 1831-1916），從此成為一輩子的朋友，兩人的通信帶領康托爾邁向他最重要的研究：集合和超限數（transfinite numbers）。但克羅內克強烈反對他的研究。克羅內克原是康托爾的良師益友，如今卻認為康托爾的研究工作毫無意義，並認為他的超限數根本不存在。教會也反對他的主張，認為他的著作挑戰上帝獨一無二、無所不能的地位。這些反對意見使得康托爾對日後的年輕學者更富同情心，幫助並鼓勵他們面對這個對新觀念充滿成見與抗拒的學術體系。康托爾的研究將集合論建立成數學的一個分支，並奠定二十世紀的數學發展基礎。

的關係只有兩種情形：屬於該集合或不屬於該集合，以符號 x ∈ A 或 x ∉ A 表示，而且只有當 x 符合定義集合元素的 S(x) 公式時，x ∈ A 的情形才為真，這也是抽象化（abstraction）的基本原則，而根據一集合所擁有的元素來定義該集合，則是擴展（extension）的基本原則。集合內元素的個數稱為基數（cardinal number），例如：集合 {4, 5, 6} 的基數為 3，集合 A 的基數標記為 Ā，任何有限集合的子集合基數小於或等於原集合的基數，舉例來說，如果我們想像有一個集合為「所有的車子」，那麼很顯然子集合「紅色的車子」必然有較少的數目。

> 以邏輯而言，從集合論這個單一的來源導出所有已知的數字，現在被認為是可能的。
>
> ——尼古拉・布爾巴基（*Nicolas Bourbaki*），一九三九

羅素（1872-1970）

英國數學家兼哲學家羅素（Bertrand Russell）出生在貴族家庭中，六歲時失去雙親後由祖母養育長大，祖母便是他的家庭教師，因此很少跟其他小孩玩在一起。他到劍橋大學的三一學院研讀數學，但不久後就轉向哲學，他的大部分哲學著作都是在談論數學哲學。

他深受魏爾斯特拉斯、戴德金和康托爾的影響，這三人都想要讓數學具有形式的邏輯依據，羅素的目標便是藉由《數學原理》（*Principal Mathematica*）一書，證明數學只不過是邏輯問題。然而，他發現一個悖論，除非重新定義邏輯的基礎否則不可能解決：理髮師說他幫每一個不自己刮鬍子的人刮鬍子，那麼誰刮理髮師的鬍

子？邏輯學家已經想出多種方法來改造集合論以解決此悖論，並在此過程中試圖將集合的定義加以限制，使其更為精確。

再次探索無限

如果兩個集合具有相等的基數，則稱兩者為等價。等價的概念不只適用於有限集合，像是因為每個正整數都能對應到一個負整數，所以正整數集合和負整數集合皆是無限的集合且彼此等價。康托爾也很快發現到每個正整數能被平方，所以，自然數和完全平方數都會形成無限集合，而完全平方數集合是自然數集合的子集合（有許多人比他早就發現此事實，包括伽利略）。伽利略在一六三八年做出結論認為「等於」、「大於」、「小於」並不適用於無限，但康托爾反而發展出超限數（transfinite numbers）的概念，以分辨無限集合的大小。

再次探討公理

為了處理集合論核心的悖論，後來發展出公理化集合論（axiomatic set theory），目標是建立公理以奠定集合論基礎，就像歐幾里得以其公理奠定了三角學的基礎一樣。還有人提出一些相互衝突的公理系統，由於過於複雜，在此不再贅述。要成為一項公理，

必須同時符合以下標準：

- 前後一致：不可同時證明出命題和反命題。
- 具可信性：應符合大眾對集合的看法。
- 能夠呈現康托爾集合論的結果。

　　公理化集合論比康托爾的（或「樸素的」）集合論更脫離實際世界，因為它完全不關心所指涉的是哪一個集合，僅專注於集合之間的關係以及性質，並且以相當含糊的方式呈現，使有些數學家至今仍堅稱，集合論只能處理不存在的虛構概念。

　　集合論影響了二十世紀各領域的數學家，但仍然是一片混亂。為集合論尋找可接受的公理，這過程讓人回憶起過去建立非歐幾里得幾何學的模型和規則時所面臨的困難，對集合論來說，在找到解答前仍有一段漫漫長路要走。

愈漸模糊

　　集合論的核心規則很顯而易見：一個物件是或不是一個集合的元素。用伊索寓言為例，跑速一慢一快的烏龜和野兔，就像芝諾悖論中的阿基里斯和烏龜一樣，被放在一個比賽中相互競爭。

　　野兔和烏龜兩者都是屬於「動物」集合的元素，而野兔是「哺乳動物」子集合的元素，烏龜則是「爬蟲類動物」子集合的元素。

　　現在假設有一個叫做「速度快的動物」的集合，我們可能便會認定野兔是集合的元素之一，烏龜則不是，但這是很主觀的判定，而且如果涉及其他動物就會更難判斷：狗是速度快的動物嗎？蛇呢？長頸鹿呢？我們可能會說牠們有點快或是滿快的。然而，集合的元素屬性是二元的，一隻動物的速度不是快就是慢，當需要一個絕對的切入點來一分為二時，結果必然無法讓人滿意並且問題重重，舉例而言，如果我們認定一隻時速 15 哩的動物是速度快的動物，如此一來時速 14.5 哩就會被歸類為速度不快的動物，這樣的區分可見相當愚蠢。

顧及不精確

　　亞里斯多德早就注意到這種區分困難的「排中」（excluded middle）問題：一個物件無法被分為這類或那類（例如「有點快」的動物）。但是數學家無法處理不確定的事物，因此在二十世紀以前，排中問題都一直被刻意忽略，直到羅素（Bertrand Russell）在他的理髮師悖論（paradoxes of barber）中討論理髮師是否可能自己刮鬍子，並探討包含所有集合的集合，才突顯排中問題在集合論中的矛盾。

　　一九二○年代，波蘭邏輯學家武卡謝維奇（Jan Lukasiewicz）開創出多值邏輯（multivalued logic）的原則，在此原則下，

一項陳述的真值（truth value）可以用分數表示，介於1（全部為真）和0（全部為假）之間。一九三七年，哲學家布拉克（Max Black）將多值邏輯應用到物件集合，畫出第一個「模糊」（fuzzy）集合曲線，他稱這些集合是「含糊的」（vague）。

基於此，美國數學家澤德（Lotfi Askar Zadeh）在一九六五年發展出模糊邏輯（fuzzy logic）和模糊集合（fuzzy set）的概念，處理不確切數值和類別的方式。關於模糊理論的有效性和本質目前還存有不同意見，有些數學家認為它是機率理論的變種，因此亦稱為可能性理論（possibility theory），其他數學家則將機率視為可能性的一種特例，因為在機率論上，確定性可以用得上。

模糊計算法

先前我們已經看到，數數和測量之間的區別在於事物是否全屬於一個集合。模糊集合不再關心一個元素是否屬於某個集合，不再使用非0（不屬於集合）則1（屬於集合）的二元區分，而是以介於其間的數值，來評估一個元素屬於該集合的程度高低。

所以，在「速度快動物」的集合中，印度豹的值可能為1，阿基里斯的值為0.5，烏龜的值則可能為0.1；完全不會動的成年藤壺的值為0，且不屬於這個集合。

模糊理論利用語言上的分類，例如「有點」、「相當」、「非常」，如此一來，一隻動物可能是非常快或相當快，如果在「速度快動物」集合中，值為0.6的動物是相當快，0.8便可能是非常快。模糊並不表示不確定，而意謂著類別之間的界限難以界定。

模糊集合可能會相互重疊，所以某種動物可能在「速度快動物」集合中的值為0.2，而在「速度慢動物」集合中為0.8。如果將這些重疊集合的值都結合起來，便可以得到有用的資訊，這種方法比常規集合的二元屬性，更能清楚描述一個情況或物件的性質。

有些常規集合的規則也可以應用到模糊集合，但不是全部，例如在模糊集合中，一個物件可能同時屬於兩個互補集合（如：速度慢的動物和速度快的動物），然而，這在常規的集合論中是不可能的，模糊集合在這方面只有一個限制，即此物件在這兩個互補集合中的值相加必須為1（例如0.2程度的速度快與0.8的速度慢）。

利用模糊系統

模糊集合可以進一步用於決策和電腦程式，這種應用稱為模糊邏輯（fuzzy logic），在許多工程控制系統中都是重要的一環，以模擬人類的決策判斷，並使系統能因應當下情況作出回應，常見於消費性電子產品、家電產品和交通工具，例如數位相機使用感應器來決定光的強度並偵測攝影師可

能想對焦的物體（利用物體的邊緣來判斷），以此為準調整焦距和曝光；再例如洗衣機藉由清洗量和衣服骯髒程度來判斷洗滌週期，並計算最適宜的肥皂量與水量、最佳溫度和所需要的時間。第一個由模糊邏輯控制的系統，是一九七〇年代由英國倫敦瑪麗皇后學院（Queen Mary College）的曼達尼（Ebrahim Mamdani）和亞斯利安（Seto Assilian）所創造的，他們寫了一套啟發性規則，來控制小型蒸汽引擎和鍋爐的操作，接著，使用模糊集合將規則轉換成演算法進而控制系統。模糊系統在一九八〇年第一次被用在商業上，以控制丹麥哥本哈根的一間水泥工廠。與模糊邏輯相關的探索和使用在一九八〇年代飛速成長，尤其是在日本。

模糊邏輯不僅可用於控制，也可用於專家系統、人工智慧、聲音辨識的應用以及圖像處理軟體，希望能模擬人類的決策判斷，來盡可能減少系統所需的「人為介入」（human intervention）。為了達成這個目的，需要一個專業的人來設立規則，以此做為系統進行判斷的標準，設立好規則後，智慧型系統（intelligent systems）便能吸收操作者對系統設定所做的調整，以此做為自我修正的方向，例如在診斷醫學中，模糊系統可以用以檢視一個病人身上所有被診斷與監控的

> ### 仙台地鐵
>
> 一九八八年，日立公司（Hitachi）在日本仙台以模糊邏輯系統來運轉地鐵電車。這列電車只需要車掌而不需要駕駛，模糊邏輯系統掌管加速、最省燃料的行駛速度、煞車，並將安全性、舒適度、燃料效率及正確抵達目標（車站月台）的需要納入考慮。

症狀，並可以由目前每種症狀的程度來評估其他診斷的可能性，評估結果無論好壞都應回饋到系統中以改善它的未來表現。

模糊集合和傳統集合重新定義了二十與二十一世紀的數學，就某種程度而言，它們使數學脫離了真實世界，更高階的集合論處理的不是現實世界中的數字或物件，而是概念以及概念之間的關係。而為了適應真實世界的不精確性和偶然性，集合論——就跟碎形一樣——能呈現出真實世界的「粗糙性」，進而提供一種比過去更精確（或許也更混亂）的模型，來描述實際世界的運作。

繼續前進

集合論所處理的數學早已將數字拋開，也因此變得更加依賴邏輯。儘管邏輯似乎從一開始就是數學的核心，畢竟歐幾里得便是透過一連串邏輯步驟來導出所有的幾何學，但事實上，十九世紀以前，邏輯的應用既不嚴謹也未被深入討論，集合論的出現有助我們發展出所需的邏輯概念來鞏固數學基礎。

第九章

證明吧

　　就如法律一般，數學中的每一件事在被接受之前必須先得到證明，即便是最顯而易見的「事實」也必須經過數學家嚴謹的證明，才能被接納為事實。將一顆蘋果與另一顆蘋果放在一起並不足以證明 1 加 1 等於 2，我們必須證明出 1 加 1 永遠會等於 2，絕不可能等於 1 或 0 或 3 或 1.7453。

　　通常來說，發現某件事與判斷它為幾乎必然真實的這兩種情況，遠不如證明某件事來得困難，有時候，證明一項定理需要花費好幾世紀的時間，費馬最後定理（Fermat's Last Theorem）就是一個例子。然而，定理之所以能成立，完全由於證明，它必須從公理和其他已知定理的邏輯思路，來論證定理為真。

太陽總是會升起的事實無法證明它明日也照樣會升起。

問題與證明

伯努利花了二十年的時間才證明出在投擲硬幣很多次後，其正反面的比約為 50：50，但他也指出，這個結果對任何人而言都是顯而易見的。然而，這個問題為什麼會耗費他如此長的時間呢？

古埃及人和巴比倫人對他們處理特定例子和問題的能力感到滿意，但希臘人進一步追求可以普遍運用在不同情形的定理和公理，所以他們就需要證明。由於不可能試驗所有可能的情況，就如同不可能將畢氏定理套用在所有直角三角形上一樣，因此若要證明一個想法為真，就必須尋求邏輯推論。

證明的目的是找出數學命題和物件之間的各種關係，也是因為如此，那些過去已經充分證明的定理，例如畢氏定理，依然可能被重新證明，以開創更多探索的新方向，而隨著時間推移，較簡潔的證明方法陸續出現，那些較舊、較繁瑣的證明便會被取代。

許多數學的概念都是在人們試著證明定理、公理或甚至質疑傳統觀念時所發展出來的，例如對歐幾里得第五公設的爭論刺激幾何學快速進步，並促使十九世紀出現非歐幾里得幾何學的新觀念。

> 每個我所導出的問題解答，日後都變成可以解出其他問題的規則。
>
> ——笛卡兒

> 當一個數學家第一次為新定理導出證明時，即使很笨拙，也沒有人會責難他。
>
> ——保羅•艾狄胥（Paul Erdös）

十九世紀末時，由於數學與邏輯結合，數學家和哲學家開始使用系統化的邏輯符號，使得數學證明的嚴謹程度迅速提升。若要發展集合論，便得找出辦法呈現邏輯關係，並且必須完全不用數字來處理概念，因此，集合論到後來變成論證數學定理的好幫手。

難以置信的證明

蒙特霍爾悖論（Monty Hall paradox）是一個讓許多人難以接受的證明，以美國遊戲節目的主持人蒙特•霍爾（Monty Hall）命名：

> 假設你參加一個遊戲節目，你的面前有三扇關閉的門，其中兩扇後面各藏有一隻山羊，另外一扇門後是一輛車。主持人請你選一扇門，而後打開另外兩扇門中的其中一扇，門後出現一隻山羊。主持人此時給你一個改變選擇的機會，請問：換另一扇門會不會增加贏得汽車的機率？（此問題假設參賽者比較想要一輛車而不是山羊。）

大部分人會認為得到汽車的機率與是否換另一扇門無關。數學家則認為，如果你換另一扇門，得到汽車的機率將會提高，因為原本你有 $1/3$ 的機率得到汽車，這個機率不

會因為主持人打開其中一扇門而改變，你還是有 $1/3$ 的機會選到汽車；但如果你選擇換另一扇門，這就是做出新的決定，因此得到汽車的機率變成 $1/2$。如果把這個問題想像成 1,000 扇門後有 999 隻山羊，就比較容易理解這個邏輯：在你第一次選擇門時，選中汽車的機率為 $1/1000$，但當打開 998 扇門都出現山羊後，剩下的另一扇門後藏有汽車的機率便成為 $1/2$。

這裡很明顯的異議是既然機率總和永遠等於 1，那麼一開始選的那扇門後藏有汽車的機率也應該是 $1/2$。但這個問題的詭妙之處便在於它並不像表面上那樣簡單、直觀，因為你的選擇是隨機的，主持人卻知道汽車所在的位置。如果主持人也是隨機打開門，每次總是很巧地選到山羊，這樣最終選中汽車的機率和選中山羊的機率才會相同，無論是否換另一扇門。

這個問題的證明使用到數學符號來表達機率，並把問題分割成一個個邏輯步驟，這些步驟在自然情況下本來就是接續的，這便是數學家論證事實的方式，但並非總是如此。

早期的證明

現今所知最早的數學證明據說出自泰利斯，一般認為泰利斯證明了以下幾點：等腰三角形兩底角相等、直徑將圓分成相等兩部分、兩條直線所形成的對頂角相等，以及如果兩個三角形的兩角及一邊相等則這兩個三角形完全相同。由於泰利斯的著作無一留傳後世，因此無法斷言他是否確實嚴謹證明出這些定理。而大約五十年後，畢達哥拉斯證明出以他為名的直角三角形定理。

自泰利斯和畢達哥拉斯的時代以來，數學證明的基本目標便是從表面上很簡單的事實（雖可能其實並不簡單）導出更多複雜的命題，以一般的情況為例，任何幾何問題若能用歐幾里得公設一步步以邏輯推論的話，就可以視為證明。但這並不意味著新想法必定推論自已存在的事實，數學家通常是先有想法——可能出自直覺，也可能從實驗或探勘結果產生聯想——再尋求已知的事實來證明。有時候，為新理論找尋證明的過程可能反而發現新理論的謬誤，那就必須否決此理論；又有時候，發現證明的過程會出現棘手

$1 = 2$ 的演繹證明法

假設 $a = b$，所以接下來：

$$a^2 = ab$$
$$a^2 + a^2 = a^2 + ab$$
$$2a^2 = a^2 + ab$$
$$2a^2 - 2ab = a^2 + ab - 2ab$$
$$2a^2 - 2ab = a^2 - ab$$

上述式子可寫成

$$2(a^2 - ab) = 1(a^2 - ab)$$

兩邊同除 $a^2 - ab$，得到 $2 = 1$

的問題，使定理仍然無法得到證實，某些問題甚至過了數百年後才被證明出來。

演繹證明法

　　演繹證明法（deduction）是利用已知的事實逐步推論新的事實，舉例而言，如果我們說「人類是哺乳動物」以及「彼得是人類」，我們就可以接著推論「彼得是哺乳動物」。但演繹法並非全然可靠，即使最初的命題是完全真實的陳述，後來所延伸的推論卻可能無法令人信服，所以雖然「人類是哺乳動物」及「彼得是哺乳動物」可以推導出「彼得是人類」的結論，但如果「彼得」是一隻狗或倉鼠或其他動物，最初的命題依然為真，結論卻變得完全錯誤。（編按：一般而言，數學家將此一推論形成視為無效。）在古希臘與中世紀時期，數學家廣泛應用演繹法，西元前五世紀的巴門尼德（Parmenides, 約540 B.C.- 480 B.C.）被譽為是第一個使用演繹證明法的人。現代數學家接受演繹證明，只要它具有充分的嚴謹。

間接證明法

　　另一個同樣源自希臘的方法是間接證明法，但在日後被修正並定義得更為嚴謹。間接證明法包括好幾種，如「反證法」（proof by contradiction）及「歸謬證法」（proof by reductio ad absurdum）。反證法的目標是證明出與命題相反的論述不為真，以此證明原命題為真；歸謬證法則是將已知為真的命題中的某些事物不為真（製造荒謬的結論），來證明待證的命題為真。希帕蘇斯（Hipassus）所導出的無理數存在證明，就是目前已知最早的間接證明。

所有馬匹的顏色都相同

匈牙利數學家波利亞（George Pólya, 1887-1985）使用數學歸納法來論述所有馬匹的顏色都相同，一開始 n = 1（一匹馬）是很顯而易見的假設，因為一匹馬本身只能有一個顏色，現在假設這個論點對 n = m 匹馬都正確，因此我們將有一個集合包含 m 匹（1, 2, 3, ..., m）相同顏色的馬。接著第二個集合有 m+1 匹馬（1, 2, 3, ..., m+1），若我們從第二個集合中抽出一匹馬，此時第二個集合便有 m 匹馬（2, 3, ..., m + 1）。這兩個集合會重疊，再加上第二個集合有 m 匹馬，我們於是可以得知此集合中的馬匹顏色也都相同。根據數學歸納法，我們能將上述推論繼續用於更多匹馬，因此，所有馬匹的顏色都相同。

這項論證當然不成立，因為命題非真，關鍵點在於當 n = 2 時，命題不保證為真，而從這個觀點出發，這些集合便不會重疊（即第一個集合只包含第一匹馬，第二個集合只包含第二匹馬，其餘同理）。

大衛・希爾伯特（1862-1943）

大衛・希爾伯特被視為十九世紀和二十世紀最有影響力的數學家之一。他出生於東普魯士地區，今為俄羅斯的一部分，學生時代遇見赫曼・閔可夫斯基（Hermann Minkowski, 1864-1909），兩人成為終生的朋友，彼此激盪數學思想。

希爾伯特從事各領域的研究，但他的貢獻中最為人所知的是數學公理化。一開始他是純數學家，大約在一九一二年，他將注意力轉向物理，並對大部分物理學家所採取的草率數學方法大感訝異。希爾伯特也想出一種概念上的無限維度空間（稱為希爾伯特空間），他與他的學生的數學研究對於愛因斯坦的相對論以及量子力學（Quantum Mechanics）都頗有貢獻。

歸納證明法

希臘的證明模型由阿拉伯數學家承繼，中世紀時由歐洲學者接手。而到了一五七五年，新的模型出現，摩洛利克（Francesco Maurolico, 1494-1575）在《算術》（*Arithmeticorum Libri Duo*）一書中率先描述數學歸納法（induction），但事實上，婆什迦羅和阿爾・凱拉吉（西元一〇〇〇年左右）就在他們的著作中稍微提過此法，雅各・努利、巴斯卡和費馬也分別為數學歸納法帶來進展。

數學歸納法首先證明命題中的第一個值（通常是 n = 1）為真，接著假設在另外一個值（假設為 n = m）為真的條件下，證明下一個值亦依然為真（即 n = m + 1）。由於命題對 n = 1 為真，因此，它對 n = 2，n = 3 等等亦都為真，亦即，對所有 n 都為真。這種方法有點像一整列的骨牌遊戲，每塊骨牌等距豎立擺放，如此一來，當任何一塊骨牌倒下後，就會擊倒下一塊骨牌，而如果第一塊骨牌能夠擊倒下一塊骨牌，所有骨牌也將無可避免地全都陸續倒下。

摩洛利克便曾使用數學歸納法來論證前 n 個奇數總和為 n^2：

$$1 + 3 + 5 + 7 + 9 + ... + (2n - 1) = n^2$$

問問題

隨著微積分、複數與之後非歐幾里

大智若愚

一九四五年，一位八年級男孩參加在俄羅斯舉辦的數學奧林匹克比賽並贏得首獎，但他完全沒有解開任何數學問題。他之所以獲獎，是因為他在未完成的證明後面寫了下列評論：

「我花很多時間嘗試證明一條直線無法在三角形內部同時與三個邊相交，但失敗了，因為我很驚恐地發現我並不知道什麼叫做直線。」

得幾何學的到來，越來越多數學問題需要被證明。柏克萊對微積分有異議，認為微積分處理的是「消失量鬼魂」（ghosts of quanitities），但這項異議也因而促成更嚴謹的方式來定義微積分，不僅重新定義了「量」以及概念，也提供了證明。

直到十九世紀才終於出現數學證明的重大革命，發展出新的邏輯方法，人們也第一次嘗試將形式邏輯應用到數學中，這需要我們重新評估數學的基礎，並將數學與哲學合一。各種最新發現讓原本我們習以為常的事實變成懷疑，數學家因此開始尋找新的證明，同時質疑每一項支撐他們理論的基礎——突然之間，沒有任何事是理所當然的。

合乎邏輯

在十九世紀末與二十世紀初，將邏輯應用到數學成為一股風潮，更精確來說，數學家流行從邏輯中推導出數學。這主要是因為數學及其應用的快速變化，以及對數學嚴謹度與有效性的批評。

數學證明只是邏輯的一部分，邏輯方法從古希臘時代開始發展與茁壯，最早以嚴謹的態度處理邏輯問題的作家是柏拉圖。

柏拉圖的哲學著作以兩位哲學家對談的方式呈現，兩者先分別陳述各自的論點，然後一方反駁、另一方防禦，隨著所處理的主題越來越精確，辯論也變得越來越複雜，這種方法稱為辯證法（dialectic），在中世紀之前都是邏輯辯論的基本模式。然而，儘管邏輯是中世紀學者主要關注的焦點，他們卻未想到要把邏輯應用在數學上，邏輯與數學花了超過兩千年的時間才結合在一起。

數學邏輯化

義大利數學家皮亞諾（Giuseppe Peano, 1858-1932）是率先討論「數學邏輯化」的數學家之一，他想要利用形式邏輯從基本的命題中建立完整的數學。他發展出一套稱作人工國際語言（Interlingua）的邏輯符號標記法，他希望能用它來做為學術上的共通語，其中混合了拉丁語、法語、德語、英語的字彙，但使用相當簡單的文法。然而，由於他在著作中使用這套語言，使得人們對他數學作品的接受度很低。

數學邏輯化的突破性發展，出現在德

國邏輯學家和數學家弗雷格（Gottlob Frege, 1848-1925）的著作中，有人尊他為亞里斯多德之後最偉大的邏輯學家。他證明所有類型的算術都可以基於邏輯論證經由一系列基本公理導出，他是數學邏輯的奠基者，設計出一種使用變數和函數的方法來表達邏輯。

尋找新公理

德國數學家希爾伯特（David Hilbert）則為二十世紀發展出來的形式主義運動奠立了基礎。形式主義要求所有數學取決於基本公理，所有事物都證明自這些基本公理，而所有的公理系統都應具有完備性和一致性，不可以讓公理在應用時出現矛盾。於是，他著手重訂歐幾里得的公設，作為找出完美數學公理的第一步。希爾伯特最有名的事蹟是提出有待解決的二十三個數學問題，這些問題直到一九〇〇年都還沒有解答，因此成為二十世紀數學家努力的課題。

在希爾伯特的二十三個問題中，對數學邏輯發展最為重要的是第二個，他提出建立一套公理系統的必要性，而這套公理系統必須能「正確且完整描述」基本概念之間的關係，同時「不能有所矛盾，也就是說，若遵循延伸自此公理系統的確切邏輯步驟，便永遠都不會導出相互矛盾的結果」。特別的是，這些條件被視為是對公理的訴求，以用來證明皮亞諾的基礎算術。

為了響應希爾伯特對於建立數學公理基礎的訴求，羅素和懷海德（Alfred North Whitehead）在一九一〇至一九一三年間出版三卷《數學原理》（*Principia Mathematica*），其書名與牛頓的書名類似，可見其野心。這套書的目標是以一套基本公理來導出所有數學問題，他們利用了弗雷格所發展出來的邏輯符號。它的內容僅包含集合論、基數（cardinal number）、序數（ordinal number）和實數，而本來計畫要用來討論幾何的一卷書，最後因為作者的厭倦而被拋棄。當研究逐漸步上正軌後，羅素發現許多研究已經早一步被弗雷格提出了，因此，他在附錄中點出兩者研究的差異之處，並向弗雷格先前的著作誌謝。

《數學原理》的考驗在於，它是否具備希爾伯特所謂的完備性和一致性，一個數學陳述能否藉由《數學原理》的方法被證明或反駁？它提出的公理是否會產生任何矛盾？

改變終點線

在《數學原理》面臨時間的考驗前，德國數學家哥德爾（Kurt Gödel, 1906-1978）就接手了這個關於公理的重要問題。他在一九三一年提出兩個「不完備定理」（incompleteness theorems），主要便是在處理希爾伯特所提出的數學公理化計畫。

第一個不完備定理認為完備並一致的公

理系統不可能存在，因為不管哪套充分有力的邏輯系統，總會有一個有關命題 G 的內容為「命題 G 不能被證明」，如果命題 G 可以被證明，則它就是錯誤的，且系統便不具有一致性；如果命題 G 不能被證明，則它為真，且系統就不具完備性。而第二個不完備定理認為基本算術不能自己證明自己，也因此不能用來證明更複雜的概念。

邏輯和電腦

　　在二十世紀期間，電腦的發展促使邏輯和數學有了屬於他們的領域。電腦程式使用邏輯順序來執行計算，這是所有電腦運用的基礎，甚至是那些對使用者而言一點都不像數學的動畫、音樂製作和圖像處理之流，都是基於邏輯運作的。電腦也可以用來證明定理，例如人類很難藉由窮盡法來提出證明，因為窮盡法的原則是遍試所有可能的值，這點人類很難做到，但電腦就可以輕鬆處理。也有其他電腦程式以其他方法來產生證明。

　　吸血鬼（Vampire）程式是由曼徹斯特大學（Manchester University）的沃隆科夫（Andrei Voronkov）所研發的，曾贏得六次（1999, 2001-05）「定理證明者世界盃」（world cup for theorem provers）。由於電腦無懈可擊的邏輯運作，電腦時代已經來臨，也許電腦有一天將以專家姿態從人類手中接管數學，它們可以將邏輯應用到數學

中，也可以從數學中追溯其邏輯演繹。

> 對任何一致的、形式的、可計算枚舉並能證明基本算術事實的理論而言，任何一個真的算術命題，即便該理論不能證明，還是可以被建構的；這意謂著，任何能夠表達初等算術且有效成立的理論，不可能同時具備一致性和完備性。
>
> ——哥德爾，一九三一

我們到底在說什麼？

　　在本書中我們不停問數學是什麼？或者說，數學是否真的「具有」任何實質的形態？本書不斷拋出這個問題，卻給不出答案，這也許看似嚴重的疏失，然而，就人類的歷史而言，數學是在不知不覺之中進入人類生活，它無需特別介紹，卻鼓舞人類建立雄偉的文化建築，在這過程中，尚未有任何機會能讓人類好好想想數學到底是什麼。

　　在二十世紀初，人們開始探討數學的本質，其核心問題簡而言之就是「數學是被發現的還是被發明的？」對於這個問題主要有三種看法，第一種是柏拉圖實在論學派，哥德爾（Kurt Gödel, 1906-1978）便屬此一學派，認為數學定律無所不在，真實且永遠不變，就好像自然律一樣，數學一直都存在，只是數學家後來才發現。而形式主義者，如希爾伯特，則認為數學有如編碼、語言或遊戲，其中的定理透過邏輯論證建立在公理上，如果兩組公理看來都為真，便不應特別

偏愛其中一組公理，但這個觀點受到哥德爾不完備定理的致命一擊，因為哥德爾證明出沒有任何公理同時具有完備性和一致性。最後，直觀主義者認為數學根本是人類頭腦建構出來的產物，是為了解釋我們周遭的世界而建立的，所以在人類文化範疇外不存在且無所效用，提倡這個觀點的是荷蘭數學家布勞威爾（L. E. J. Brouwer, 1881-1966），為此他遭到希爾伯特等人的嘲弄與刁難。

經過前一個世紀，數學之基礎問題仍然沒有得到答案，人們的注意力卻已轉向別處。希爾伯特的形式主義雖遭受不完備定理的攻擊，但在做數學時，邏輯和公理仍位居數學的核心。一個更現代的觀點是由奎因（W. V. Quine, 1908-2000）和普特南（Hilary Putnam, 1926-）兩位經驗論者所提出，他們主張數字與其他數學概念的存在可以從實際世界推演出來，他們的理論與實在論相關，但更深植於現實生活與人類文化。

奎因認為數學看起來是「真實的」，是因為我們的所有經驗和科學都與數學交織而成，而且彼此似乎相互認同。如果排除數學，我們也會很難重新建構對宇宙的認知。

但上一段的最後一句話對美國哲學家菲爾德（Hartry Field, 1946-）而言就像在下戰書，於是他也勇敢接招，在一九八〇年代，他主張數學命題全都是虛構的，而科學也可以在沒有數學的情形下產生。

> 數學也許存在於世界某處，也許不然，但以科學的角度而言，我們永遠不得而知。
> ——喬治・萊考夫，二〇〇一

根據他的虛構學說，數學命題是種有效建構現實的手段，但我們不應該只看表面就接受這些命題為真。我們為什麼要「虛構」數學呢？答案之一是因為人類心智結構所造成的必然，心智理論建立在認知心理學上，認知心理學是由美國認知語言學家喬治・萊考夫（George Lakoff, 1941-）和心理學家拉斐爾・努涅斯（Rafael Núñez）為了數學而發展出的理論，在《數學來自何處》（*Where Mathematics Comes From*）這本兩人合著的書中，他們認為人類的大腦結構以及身體活動的方式，指引了數學的方向。但由於大腦運作與相關認知過程不可能拆開來看，因此我們無法判斷數學是否能獨立於人類文化活動之外。

有很多數學家都不同意萊考夫和努涅斯的觀點，各論點的倡導者之後可能依然會對此議題爭論不休。事實上，無論數學的基礎是什麼，對我們日常的影響都極微小，不管數學的本質是否「實際存在」或「六合之外」，我們都將繼續玩樂透、建造飛機，以及預防災難事先投保，就如同埃及人建造金字塔、印加人計算羊駝隻數，都不需要艱深的數學研究就能完成。